活在当下

The Notebook of Elbert Hubbard

哈伯德人生手记

第二版

[美] 阿尔伯特 · 哈伯德（Elbert Hubbard）/ 著　贾雪 / 译

中国法制出版社
CHINA LEGAL PUBLISHING HOUSE

主编絮语

也许，读者们对阿尔伯特·哈伯德这个名字还不太熟悉，但细心的读者会发现他就是颇受欢迎并且至今仍在销售的畅销书《致加西亚的信》的作者。而《致加西亚的信》能成为有数个中文译本的畅销书，绝不是偶然。下面是哈伯德及其作品的基本情况，从中不难看出其非凡之处。

阿尔伯特·哈伯德，作家、哲学家、出版家、艺术家，19世纪末最主要的艺术运动——工艺美术运动的重要倡导者与拥护者。

哈伯德1856年出生于美国伊利诺伊州，父亲是一名乡村医生。早年，哈伯德是一名成功的肥皂推销商，然而他真正热爱的是文学，所以，下定决心以写作为业。1893年哈伯德辞职，进入哈佛大学学习。由于学校的规章和偏重理智的理念，哈伯德的求学之路并不顺利，于是他离开哈佛大学，开始了漫长的欧洲之旅。哈伯德并没有停下求知的脚步，他大量阅读名家名作，不断充实自己。在欧洲之旅中，他收集丰富的素材，开始尝试创作《旅程小记》。在英国，哈伯德认识了工艺美术运动的倡导者、凯姆斯科特出版社创办人威廉·莫里斯，并深受莫里斯的影响。从此，哈伯德的人生掀开了新的篇章。

1895年哈伯德回到美国，在纽约东奥罗拉创办了罗伊克罗夫特出版社。出版社发展得相当迅速，到1910年，已经拥有500多名员工。随后哈伯德又创办了两本杂志:《庸人》和《兄弟》。他一生中最著名的作品当属《致加西亚的信》，这部作品在外国的印数曾高达4000万册，在当时创造了一个作家有生之年单部作品销售量的历史纪录。

完成《致加西亚的信》后，哈伯德又创作了此书的姊妹篇:《怎样把信送给加西亚》。另外，他还出版了《自动自发》《一生的智慧》《阿尔伯特·哈伯德的剪贴簿》《哈伯德哲学》和《哈伯德人生手记》等著作。

1915年，因为乘坐的轮船被德国水雷击沉，哈伯德不幸遇难，过早地结束了他辉煌的事业，然而他的作品和思想却得以持久流传。

对于哈伯德的作品，我国译介得并不多。于是我们精心推出了《活在当下：哈伯德人生手记》这本书。译者贾雪工作认真负责，经验丰富，她的付出为此套书的翻译质量提供了必要的保证。需要说明的是，本书手记中的标题系译者根据情况所加，意在让读者对每一节内容有更好的了解。

愿哈伯德的这部作品能受到广大读者的喜爱，给读者提供可贵的精神力量！

刘荣跃

前　言

阿尔伯特·哈伯德在他生活的时代，是一个积极主动之人。才华横溢的哈伯德拥有商业、艺术、文学、哲学等天赋。他是理想主义者、梦想家、演讲家、科学家。他在生活、商业、民生、教育、政治、法律方面的知识、见解与实践超过大多数人。哈伯德懂得，自由地思考、行事，不阻止他人的权利，人类才能发展。因此，他竭尽全力地启发人们独立思考、独立行动。他呼吁孩子的权利、疯狂者的权利、病患者的权利、所有无法结交朋友却也最需要友谊的人的权利。

阿尔伯特·哈伯德的工作是将被无益习惯、陈腐的思考习惯、信仰、法律和迷信左右的人解放出来。在他的影响下，很多人都意识到，健康、财富、快乐其实取决于自己。

阿尔伯特·哈伯德是历史上独一无二的人物。他的独特来自其丰富的人生体验与阅历。如同莎士比亚一般，阿尔伯特·哈伯德博学多才，从知识的宝库中寻找至关重要的事实。无论面对什么主题、场景、情形，他敏锐的大脑总能轻易地抓住关键部分，一语囊括所有。他通晓哲学，了解人类的普遍需求、民族的需求、各阶层的需求和个人的需求。

阿尔伯特·哈伯德了解人类、了解美国人，了解他们的希望、恐惧、力量、弱点和潜力。他从不灰心沮丧，总是不知疲倦，在他心中永远燃烧着希望之火，第一缕晨曦带来崭新的一天，预示着更美好的、新的一年。工作、欢笑、玩耍、思考、友善待人是他每天生活的内容，也是他提倡的生活方式。

经济自由是人类幸福的首要必需条件。因此阿尔伯特·哈伯德的第一课便是制造财富、明智地运用财富、分配财富。他明白除了衣食住行，人类还有更多、更高的需求。人类的灵魂也需要养分，需要成长。爱、自由、音乐、艺术缺一不可。他热爱所有动物，认为人们应该每天抽时间去花园、农场里，与动物共处，以此提升文明程度。

阿尔伯特·哈伯德既是一位商人，也是一位哲学家，他善用时间与精力，其生命法则是行动。他认为工作中的人们会在不经意间得到发展，工作是对大脑、神经、肌肉的锻炼。工作是人们达成目标的手段。他热爱人性，相信人类，相信最高贵的品质存在于人类心里。

他在生命中挥洒想象力，从不口出恶语。他满足于脚踏实地的生活，拥有虔诚的信仰，不探究巨大而神秘的事物，只是充实地生活，笃信“令我们生活美好的力量不会抛弃我们”。

爱丽丝·哈伯德

1911 年

目　录

哈伯德人生手记

人们不应同时活在三个世界里——过去、现在、将来。忘记过去，不关心未来，活在当下的人是智者。

为明天的工作所做的最好准备是尽力做好今天的工作。

为人生做出的最好准备是活在当下，活在此处。活出最崇高、最优秀的生活！

（一）活在此处，立足当下

我内心最大的心愿不是博学多识、家财万贯、声名远扬、有权有势或出类拔萃，而是挥洒热情。我希望传递健康、快乐、沉着与善意。我渴望没有仇恨、冲动、嫉妒、恐惧的生活。我渴望成为简单、诚实、坦率、自然、不矫揉造作、身心纯洁的人——能实事求是地说“我不知道”，如果做到这几点，我就能直面所有障碍与困难，不退缩、不畏惧。

我希望人人都过着属于自己的生活——竭尽全力过上高尚、充实、美好的生活。为此我希望自己不干涉、不妨碍他人，不对他人发号施令，不为他人提供不必要的建议和帮助。如果我能帮助他人，我会给予他们自助的机会；如果我能激励或鼓舞他人，我会采用举例、推理、建议的方式，而非命令和指令，也就是说，我希望挥洒热情——用热情点亮生命！

我在思考人究竟是什么！从单个细胞开始，与其他细胞结合，上天赐予一种神圣的力量，使细胞找到自己的家。接着便是成长，细胞不断繁殖，发展为人——身体含三分之二水分的人。

自从恺撒[①]踏上罗马广场，已经过去好几代人了。昔日他常常倚靠的柱子仍然矗立，他经过的门槛也保存至今，留下他脚印的人行道上如今依旧人来人往。

当初被慈爱的母亲抱在怀里，争睹总统候选人林肯风采的孩子们早已长

① 罗马将军，政治家、历史学家。

大成人。如今，他们或许已经两鬓苍白，皱纹堆累，儿孙满堂。他们看透人生百态，尝尽世间喜悲，平静地等待人生的尽头。然而林肯似乎就活在昨天！你能回到过去，握住他的手，凝视他那双悲伤、疲惫的眼睛。

人们无法选择父母，无法选择环境。人们毫无选择地来到这个世界，离开世间也非人们所愿——抗争、挣扎、希望、诅咒、等待、恋爱、祈祷；因激动而热血沸腾，因激情而苦恼不已，因恐惧而止步不前；人们寻找友谊，期盼得到怜悯，渴望享受爱情，伸手紧抓，却两手空空。

* * *

旧金山有一位60岁的律师，富有且聪明，还是一名涉足多个领域的商人。单身的律师与管家萨姆一起生活了15年。萨姆对律师的心思了如指掌。如果有访客，不管是一个还是一百个，只要告知人数，他便会将一切安排得妥妥当当。

萨姆不仅照料律师的衣食住行，还是律师的朋友。当律师在家时，从没有不速之客上门打扰他休息。

如果律师需要其他帮助，萨姆也总是有求必应。为律师买来需要的物品；清晨7点，调好带音乐的闹钟，将律师唤醒；放好洗澡水；将干净的衬衣整齐地叠在衣柜里，领扣也一并放好，硬领和围巾就在旁边；正合律师心意的西服搭在椅背上；合适的皮鞋被擦得光亮如新，摆放在旁边；壁炉架上插着一支半开的玫瑰，花瓣上还沾着清晨的露水，这是为律师准备的纽孔花束；楼下热气腾腾的美味早餐已经摆上桌了。

当律师准备出门上班时，萨姆安静地如影子般站在门厅里，手拿大衣、礼帽和拐杖。要是遇上不好的天气，他会细心地将拐杖换成雨伞。待服侍律师穿戴完毕后，他打开门，送律师出去。黄昏时，律师归家，大门已经为他打开。萨姆从不休假，甚至似乎不吃也不睡。主人有需要时他永远在一旁听命，然后在应该离开的时候离开。他什么都知道，也什么都不知道。

律师和萨姆二人有时几周都不怎么说话——他们心意相通，彼此了解。

律师对萨姆大为欣赏，每月付给他 100 美元，并用其他方式表达自己的感激之情，但是萨姆却一无所求，连对律师感谢的话语也连连摆手。

但是一天早上，萨姆在为主人倒咖啡时，面无表情地轻声说道："下周我要离开你。"律师听罢只是笑了笑。"下周我要离开你，"他重复了一遍，"我要找一个更好的雇主。"律师放下咖啡杯，看着眼前身穿白袍的萨姆，这才意识到他的话并非玩笑。

"你要离开我，是因为我付的薪水不够吗？别傻了，萨姆，我把薪水加到每个月 150 美元，不能再多了。"

"下周我要离开你，我要回家乡。"萨姆无动于衷地说道。

"哦，我明白了！你要回去结婚吗？好吧，你把她带来吧，两个月之内能回来吗？我不反对你把妻子带来。家里的活儿正好要两个人才忙得过来。再说屋子一直冷冷清清的。我会亲自去一趟港口，帮你准备护照。"

"我下周回家乡，不需要什么护照，我不会再回来了。"萨姆一派平静与坚持的模样更让人恼火。

"你不能走！"律师说道。

"我要走！"萨姆回答道。

自两人共同生活以来，这是萨姆第一次用这种语言、这种语气对律师说话。律师一把推开椅子，顿了顿，冷静地说道："萨姆，你必须原谅我！我说得太快了。你并不是我的所有物，不过你告诉我，我到底做错了什么，为什么你要这样一走了之？你知道我离不开你！"

“我不会告诉你原因。你会嘲笑我的。”

“不，我不会的。”

“很好，我要回家乡，然后死在那里！”

“胡说八道！你可以死在这里。如果你比我先过世，我答应你，会把你的遗体送回去。”

“我只有四周零两天的时间了！”

“什么？”

“我的兄弟坐牢了。他还年轻，才 26 岁，家中还有妻儿。而我已经 50 岁了。在我的家乡，家人可以代替受罚。我回家乡，把积蓄给兄弟，用我的命换他的命！”

第二天，一个新管家出现在律师的家里。一周后，这个管家与萨姆一样，什么都知道，也什么都不知道。萨姆则不辞而别了。

就在萨姆告诉律师他要回家乡的四周零两天后，他回到了家乡，代兄弟受罚被斩首，而他的兄弟被释放。

律师的家中和往常一样被整理得井井有条，只是律师总把查理误叫作萨姆，每当这时他的心就像是被揪住了一般，但他却什么也没说。

每个人的心中对友情都有着强烈的渴望。我们期盼知己的陪伴。我们怀念往事，想念家人，渴望身边有一个人能够理解我们的心情，知晓我们的希望，分享我们的快乐。只有当我们把内心的想法告诉他人时，我们才真正拥有这个想法。

伤悲能够独自忍受，快乐却要两个人分享。

与他人共享快乐，快乐便会加倍。当心中溢满对他人的爱时，我们会发现天空从未如此湛蓝，鸟儿从未如此喜悦地高唱，认识的人们从未如此亲切友善。

爱人将被爱之人理想化，将对方想象成一个充满美德与长处的人。被爱之人有意或无意中发现了这一点，并且尽力实现这一目标。当爱人思考在他脑海中产生的优秀品质时，他已经到达了爱情的最高峰。

沉浸在如此幸福中的被爱之人就算离开人世，这种认知也将被刻在灵魂中，永不磨灭。

世间最崇高的友谊在于其转瞬即逝的本质，人们易犯错，生活在一个充斥着物质需要的世界里，时间和改变永不停息地发挥着作用，记忆渐渐模糊，希望破灭。但是曾经占据心中的，对亲密无间的友情的记忆将永远保留在心底，所有的烦恼都因它消失不见；如果一个人太过严厉，他的坚强被彻底击垮，时间将治愈伤痛，对曾经理想友谊的记忆将在他心中反复吟唱赞歌。我希望世界永远不再对死者感到伤悲，他们已经停止劳动，应该得到休息。

但是对生者而言，死亡带走最好的朋友，就像命运伸出了最可怕的手，令人万分悲痛，无疑是人生中最大的恐惧。

当一个人遭受沉重的打击时，所有微不足道的烦恼都将化为乌有。对伟大之爱的记忆永远活在琥珀圣地中，抵挡狂风暴雨的侵袭，虽然它会带来不可名状的悲伤，但也给了人们一个难以形容的空间。这里充满了对失去的伟大之爱的回忆，还有原谅、怜悯、同情，与所有备受折磨煎熬之人成为手足。

一个人一无所有：无所求，无所失，无所赢。对崇高友谊的回忆曾是他力量的源泉，净化思想，激励心灵，令他更加高尚地生活。

在被卑鄙的自私占据，被误解玷污前，了解理想的友谊，再逐渐将其淡忘，最后如影子般消失是最好的事情。沉浸在快乐中，对死者高尚美德的黯然回忆会在回忆者心里变得具体化。

当人们意识到自己的微小时，住在自己所见、所闻、所感的环境中时，他将声称并接受与生俱来的权利。这种权利便是健康与快乐。

*　　　　*　　　　*

商业不再是一种剥削，而是为人类服务的一种形式。不能满足人类需要，不能增加人类幸福的商业无法获得成功。

不加选择、随意地施舍穷人是错误的做法。这会使贫穷永远存在。

商业旨在提供安全可靠的生活，对大企业加以明智的指导是一件好事。商业将减少贪污、敲诈、乞讨的现象。如今互利互惠、合作共赢、互帮互助是社会主流。

调节与管理商业贸易的法律应该得到最仔细的审查。阻碍、限制、削弱、减缓商业发展的行为必须被取消；保证商业贸易自由、安全、和平的行为必须被提倡。我们正朝着冉冉升起的太阳前进，谁也无法预测前景将多么辉煌壮丽。我们将拥有富足与美好。

在乔叟[①]生活的时代，“商业”一词首次被用于表达对有用之人的蔑视之情。当时，人们尊敬的是造成巨大浪费、终生奢侈享乐之人。君权神授论认为，造成最大规模毁灭的人便是君王，所有人对此深信不疑。

甚至我们发现，如果想进入“高尚社会”，最好不要拎行李、筛沙子、扫人行道，或在肩上扛一把锄头。

如今墨守成规是一种普遍的倾向。所有创新必须奋力抗争，所有优秀事物的存在和延续都遭到责难。错误一度被允许，直至受到更强大力量的阻碍。人们必须创造新方法，加以运用，并且誓死捍卫，否则陈旧的方法将一直存在。

人们反对进步的原因并非憎恶进步，而在于他们的惰性，他们不愿改变。

① 英国诗人，中世纪英国著名文学家。

*　　　*　　　*

对学生和老师而言，学习和教导不合时宜的知识是可悲的浪费时间的行为，也是对脑力的巨大消耗。与其他过时的物品一样，过时的知识令人反感，并且常常具有危险性。大自然赋予知识是为了服务，而非当作装饰品或小摆设。

经典教育的发展趋向使年轻人不适应工作。他们获取了超过需求的知识。

18 岁的孩子进入大学，22 岁时毕业。回家后，他肯定希望能经营父亲的事业，而不会去做擦窗户的工作。

他有知识，却无机智的头脑；他有学问，却无能力；他拥有一套工具，却不懂如何使用。如果父亲富有，能为他提供一个无害、优雅、体面的环境，他便陶醉其中，制造自己在辛勤工作的假象来误导朋友。

使用与了解应该融为一体。技术必须加以运用。所有伟大作家学习的方法只有一个——写作。拥有全套工具是荒唐的，你应该在需要的时候一次取用一个。

大学唯一的可取之处在于，使学生适应环境的改变，并从中受益匪浅——新面孔、新场景、新想法、新社团。而课程的可取之处为零——如果它能使毫无经验的新人不再淘气，那么它就已经达成目标。

*　　　*　　　*

只要你首先学会不依靠无法得到的东西达成目标，那么获得一切期盼之物将会非常简单。

*　　　*　　　*

爱情选择那些值得拥有的人。设下圈套、埋伏以待爱情上钩的人无法获得爱情。充满争斗心理与竞争意识的人生很难获胜。

*　　　*　　　*

如今在各行各业中，礼貌逐渐发展成一种规定。即使是不熟悉我们生活方式与语言的外国人，其行为方式也有正确与错误之分，甚至打手势也一样分对错。

对于想成功的职员而言，我建议必须提高社交礼仪。于细微之处彬彬有礼是值得拥有的一大优势。当顾客进门时，站立、为其拉开椅子；站到一旁，让店里的客人先进电梯。这些虽然都是小事，却能让你表现得更优秀，工作得更出色。

嘲笑、漫不经心地回答问题，即使对方是愚蠢或粗鲁之人，这也是严重的错误。对无礼之人始终以礼相待，试试看你是否会感觉更好。

你对顾客的承诺便是你的雇主对顾客的承诺。食言会造成伤害，表明这家公司的声誉欠佳，如同个人缺乏可信度一样。

如果你的公司等待顾客上门，则应该注意你的穿着和仪容；走进商店前，必须将指甲修剪整齐；此外，一把牙刷必不可少，口气混浊对销售人员是大忌；穿着应朴素大方、干净整洁，不能太过流行；合适得体的外表有助于增强信心，并使生意蒸蒸日上；给予每一个顾客全部的注意力，无论购买多少，对所有顾客报以同样细致的关注；如果被问及，确定在告知前你曾经亲自体验过；千万不可想当然地回答。

别误导他人。清晰准确地指明方向，真正地帮助对方。给越多的人指引方向，你越能正确给予他人你的智慧，你的人生就越有价值。

生命中最宝贵的财富是健康。适度饮食，深呼吸，经常户外运动，保证 8 个小时的睡眠。加强礼貌修养，使之成为你在商界的一大优势。

*　　*　　*

两人方为家。一个女人深情地怀抱婴儿，低哼摇篮曲，哄其入睡时，第一个家庭诞生了。我们之所以将柔情蜜意倾注在一个地方，原因在于一个想法：我们和家人一起在此生活，这是我们的家。家是我们远离喧嚣的休息之所。爱人们一起创造了家，如鸟儿筑巢一般，除非一个人有了解神圣感情的魔力，否则我几乎看不出他如何能拥有一个家。没有什么比得上与一个温柔、真诚、让人心动的好女人相知相守。

*　　*　　*

我们在帮助他人的同时，也帮助了自己。

*　　*　　*

我们应该在工作中取悦自己，得到发展，提升艺术修养。坚持这一点，当你犹豫不决时，将其视为你的箴言。做你自己，说出心中的想法，尽管它与你以前所有的言语相悖。

首先，在艺术工作中取悦自己——其他人站在你身后，越过你的肩膀看着你的一举一动，一言一行——了解自己的每个想法。

米开朗基罗[①]不会听命于作画。“我认识一个批评家，他比我本人要求更严格，”梅索尼埃[②]说道，“他就是另一个我。”罗萨·博纳尔[③]作画只为取悦另一个自己，从未想过取悦其他人；在取悦自我的作画中，她呼唤伟大的、共同的人性之心——温柔、高尚、宽容、真诚、有同情心、可爱。因此，罗萨·博纳尔在同时代的女画家中脱颖而出，成为一流的画家。正因如此，伦布兰特[④]在肖像画上的成就无人可及，他有战胜对手的勇气。作画时他心中所想的只有另一个自己，他将灵魂倾注在每一张画纸上。墙上画中那双清澈明亮的眼睛看着你，眼神诉说着爱情、怜悯、郑重、无限的真挚。人类创造了自己的形象，在描画其他人的同时，也在描画自己。

如果这只是对所见之物、他人作品或只为取悦资助人的模仿，那么它的鼻孔中没有一丝生命的气息，有的只是死气沉沉的完美——除此别无其他。取悦另一个自己容易吗？用一天时间试试。从明天早上开始，对自己说：“今天我将充满活力，精神振奋，勇敢无惧；我将做正确的事情；我将朝着崇高的方向努力工作；我将真心对待每一次握手，每一次微笑，每一句话语——真心对待我的所有工作。我将为了满足另一个自我而努力生活。”你觉得这容易吗？用一天时间试试看就知道了。

*　　　　*　　　　*

人类的职责是工作——克服困难、忍受磨难、解决问题、战胜天生的惰性：运用方法将一片混乱变得整齐有序——这就是生活！

① 意大利文艺复兴时期成就卓著的科学家、艺术家。

② 法国画家，以风俗画及战争场面的绘画而著名。

③ 法国女艺术家，以动物绘画而著称。

④ 美国画家，以肖像画著称。

不久前，我受到一位地区法院法官的邀请，前往一个西部小镇，与他一同听取一个案件的庭审质证，他确信我会对那个案件感兴趣。

那是一桩离婚案件，双方同意所有诉讼请求，除了赡养费。在判决时，法官考虑到双方的财产价值，引用了权威的北安普敦[①]死亡率表。为收集这些数据，法庭找来一位保险公司统计员。这位统计员的证词实实在在地震动了我。

在最初的询问中，为了表明统计员是合格专业的证人，法官问道："你能对人的平均寿命做一个大致的估计吗？"

统计员回答："可以，如果数字是其中一个考虑因素的话。"

"你能否估算某一个人可能的寿命？"

统计员答道："不能。"

当被问到原因时，他说道："生活中存在各种偶然、意外的因素，当涉及很多人时，这种意外因素被排除在外，因此能够得出平均数。"

法官又问："假设排除意外的因素，你能否估算出一个人的寿命？"

统计员答道："还是不能。"

被追问原因时，统计员用一小段发言加以阐述，这段话深深地打动了在场的所有人。原话我不记得了，大意如下：

在人的寿命中，有一个只有自己才能确定或判断的因素。

我认为每个人都应该做自己的医生，应该具备足够的心智和理智对自己的情况做出诊断——无论是精神上的，还是肉体上的——这比其他人的诊断结果更加准确。

寿命长短只有自己知道，他人无从知晓。

这是一项相当好的普遍法则，除非有意外发生，人的寿命与自己的预期

① 美国马萨诸塞州的一个城市。

相符，或者换一种你喜欢的说法，人能活到自己梦想或希望的寿命。

很多人都受到这种谬论的困扰：人活七十古来稀。因此，相当多的人活到大约 65 岁时便开始准备放慢脚步，变得消极。他们放弃事业，退出忙碌充实的工作，终止事务，与此同时，殊不知死亡与崩溃正慢慢袭来。还有一些人一直工作到 80 岁才开始做其他人在 70 岁时做的事情，两者的结果非常相似。

很多强健、积极、认真的人迈进了 80 岁的门槛，死于 82 岁、83 岁、84 岁，其原因更多地在于心理而非生理。在他们看来，这个年龄是极限，生死都应遵守此限制。

我要提出一个普遍适用的观点，活到 100 岁的秘诀是将时间的问题抛在脑后，只需继续积极、热心地投身于各种生活事务中，此外不要暴饮暴食。

无论年轻还是年老，寻求悠闲放松、低级快感的人都面临着危险。为了消除体内滋生的毒素，保持活跃必不可少。活跃的大脑会对人体器官做出反应。因此思想从某种程度上讲是一项生理过程，为了消除毒素、保持健康而打算退休、退出游戏的想法是不可取的。

*　　　　*　　　　*

人们不应同时活在三个世界里——过去、现在、将来。忘记过去，不关心未来，活在当下的人是智者。

为明天的工作所做的最好准备是尽力做好今天的工作。

为人生做出的最好准备是活在当下，活在此处。活出最崇高、最优秀的生活！

如果过去的你犯了错，悔恨于事无补，感激现在的你已明白得更多，才是弥补之道。

弥补过失的最佳方法便是忘记过去，投身于有价值的工作中。

生活是一项伟大的权利。有一个事实无可争辩：我们活在当下！

* * *

如果我们都能足够大度到看不见冷落、蔑视、侮辱、嫉妒，心中不怀一丝仇恨，那将是多么棒的事啊！

* * *

在法庭上，“我相信”一词没有效力。法官常常提醒证人“说出你知道的，而非你相信的”。未来的信条将会用“我知道”取代“我相信”。这一信条并非强加于人，它不会采取强制、威胁的手段，或者许诺：如果你接受的话，将会减轻痛苦；如果你不接受，则会痛苦。

它不会以金钱雇用专业神职人员，宣扬名誉、退款、免除义务等好处，也不会免税，亦不会形成一种体系。

它非常合理，因此出于自我保护，心智健全的人不会拒绝，当我们真正开始将它付诸实践，我们会停止谈论它。

作为一项建议和第一份大致的草图，我们提出以下这段话。

我知道：

我生活在此。

在一个唯有变化是永恒的世界中，在某种程度上，我能够改变事物的形式，影响少数人；

我被这些事物以及其他人影响；

我受榜样，受已不在人世的人们的成就影响；

当我的生命变成其他形式时，我现在做的工作在某种程度上将会影响后世人；

我的某种心态和行为习惯将会增加其他人的和平、幸福、康乐，我的另一种思想和行为将带给其他人痛苦与混乱；

如果我要确保自己拥有合理的幸福，那么我必须给予他人足够多的善意；

身体的健康是始终保持高效工作的必备条件。

* * *

我很大程度上受习惯的控制；

习惯是运动的一种形式；

从某种程度上而言，运动意味着提高力量或减少困难；

所有生命都是精神的表达；

我的精神影响着我的身体，我的身体影响着我的精神。

* * *

对我而言，宇宙非常美丽，宇宙中的每个人、每件事物都是出色而美丽的；

只有当我充满恐惧时，我的思想才充满希望，充满价值。

为了消除恐惧，我必须投身于有价值的工作中——忘记自我地工作；

呼吸充足的新鲜空气，适度、有计划的户外运动是获得智慧的一种方式；

为了自己，我不能心怀愤恨或生气。

*　　　*　　　*

幸福是永远强大的力量；

没有克制与镇静，不可能获得幸福；

生命对我们辛勤工作的奖励不是闲散，不是休息，也不是免除工作，而是因工作而提高的能力。

*　　　*　　　*

我相信今天的人们与过去的人们同样受到启发和激励；

我相信对未来生活的最好的准备是友善，每天脚踏实地，尽己所能完成工作；

我相信只有恐惧，没有恶魔；

我相信除了你自己，没人能伤害你；

我相信所有人都关注自己的事业；

我相信阳光、新鲜空气、友谊、平静的睡眠、美丽的思想；

我相信成功与失败的逆论；

我相信悲伤的提炼；

我相信死亡是生命的一种表现形式。

（二）开启智慧与财富世界的钥匙

成功之路在于奉献人类，除此之外别无他法。这一事实如此简单明了。

*　　　　*　　　　*

我们需要的教育应该让孩子将来能够谋生，激发孩子进一步学习的欲望，培养孩子服务的理想目标，最后教会孩子如何合理地休闲。

一天上午，一位农场主骑马经过自己的农场，发现几个雇佣工坐在路边吃午饭。他看了看表，上午 11 点。看到老板骑马过来，其中一人赶紧站起身来。农场主以为他肯定惊恐万分，可是这个名叫贝利的雇佣工却做了一个阻止他前进的手势，尖声说道：“我想做农场老板！”

“你说什么？”马背上的农场主大声说道，“谁阻碍了你？”

贝利没听懂。

“你为什么不能做农场老板呢？没人阻碍你，你有的是机会。”农场主说道。

“你刚刚告诉这些人，”贝利继续说道，“我是这农场的老板，是吗？”

向贝利解释怎样成为农场老板或其他类型的老板实属不明智之举。

农场主在不断成长，管理者也是，经理也是，事务负责人也是。贝利的无知看似荒谬可笑，但是在所有工厂、商店、工业场所，很多受雇工人都类似贝利。

在贝利看来，拥有者只是向下属宣称自己是老板，只需坐在老板椅上，双脚放在桌上，抽着香烟；他是真正的老板。下属列队从他身边经过，每天向他致敬；战战兢兢的下属向他呈上重要之事，等待他做决定。周围的人统统按老板的吩咐行事，他获得无限的轻松、快乐、满足。

在贝利眼中，富人成天无所事事，唯一要做的就是骑马，身后跟着大批仆人，随时听候差遣；富人有一个巨大的山洞，如同米达斯国王[①]一般，洞里永远堆满了金钱。

贝利认为，只要让人称呼自己老板，就能做老板；只要能进入决策层，坐在管理者的位置上，就是老板。

你无法向贝利解释，老板是发挥所有才能，将工作做到最好的人，他肩负起足以压垮其他人的重担。贝利永远不会明白，老板下达的每个命令都包含着责任，一旦犯错，老板必须具有扭转自己以及下属的所有错误的能力。老板永远不会辞职，即使在最黑暗的时刻，他心中也只有一个信念，与公司生死与共。

老板能够勇敢地承认："这个错误是我犯的，我错了，我会改正。"并且说到做到。

老板愿意开创事业，并且坚持到底。

老板愿意为成功付出任何代价。

老板在竞争中，在完成一项工作中，在准备开始另一项工作中找到了最大的快乐。

老板对自己的要求多于对下属的要求。

老板是成功之人。

---

① 传说中的弗里吉亚国王，拥有点石成金的能力。

*　　　　*　　　　*

当一个人具备三种性格，或习惯，或个人特征，即意味着拥有了财富、朋友、名誉、和谐的家庭——能力、意志、冷静。

优秀之人的标志不是获得知识，而是具备某些品质。

这些品质是勤奋、专注、自信。

具备以上三种品质，也就拥有了打开财富世界的钥匙。所有的大门都在他面前敞开。

奇怪的是，获得这三种品质没有秘诀，没有花招，没有惯用的方法或规矩；你不需要记忆条文，也无须加入秘密团体。没有哪所大学能赋予你这三种品质，但一些大学生却因缺少它们而失败。

另外，成功之人无不拥有它们。当我们发现这一事实：人们通常在逆境中获得它们。

事实上很多伟人都具备这三种品质，如果没有这些品质，他们永远无法闻名于世。

*　　　　*　　　　*

仅仅为了获取学识，而非获得有价值的才智，这样的教育目标必将逐渐消失。世界需要的是有能力的人，如果人们的思想是正确的，那么学识的获得是必然的。

我们在表达中发展——如果你了解强烈的表达的欲望。表述一件事物是加深我们对大自然印象的方法。如果你认识一位能与之尽情交流的人，那么你是快乐的。

*　　　　*　　　　*

如果你身体健康，那你可能是快乐的；如果你既健康又快乐，那你将拥有所有财富，即使这并非出自你本意。

健康是世界上最自然的事情。健康是很自然的，因为我们是大自然的一部分——我们是大自然本身。大自然努力地保持我们的健康，因为她需要我们为之奉献。大自然需要人类奉献，人们彼此之间需要奉献。生命因为奉献他人而获得回报，生命因为自私而遭受惩罚。

只有在奉献中忘记自我，我们才能保持心智健全。

关注自我，忘记与社会的关系会造成痛苦，而痛苦意味着疾病。

健康的诀窍在于：忘掉苦恼。其实所谓的疾病很多情况下只不过是精神状况的症状。

我们的身体具有自动调节功能，考虑消化问题于事无补。因为思考的过程，尤其是忧虑的思考是一种阻碍，会使血液从胃部流向大脑。

如果我们忧心忡忡，消化系统可能会完全停止。

因此道理很明显：放下忧愁。

*　　　　*　　　　*

有一些人总是谈论为生活所做的准备。事实上，生活的最佳准备即是开始生活。

上学不应成为一种准备，上学应该是一种生活。为了准备完成世上的工作而与世隔绝是愚蠢的。

真正受过教育的人是有用之人。

*　　　　*　　　　*

亚历山大带领军队向东迈进，征服了波斯、小亚细亚[①]、非洲北部、印度一小部分土地，这就是他一手缔造的巨大王国。

如今我们绘制地图，在地图上标示世界。我们了解世界地理，但我们永远不会因亚历山大无力继续扩大疆土而伤神。

因为我们要征服的是经济、政治、教育、哲学、艺术以及科学的世界。亚里士多德告诉亚历山大，与敌军交战的关键不在于军队士兵，而在于其军营——军营中隐藏着所有信息。

为了使人们摆脱失去理想的危险感，我将列举一份我们必须征服的领域的名单，我们了解了这些领域的范围，就没有借口不去征服它们。

现在，有责任感的组织要面临以下战斗：

1. 为女性的权利而战。

2. 为儿童的权利而战。

3. 为罪犯的应有权利而战。

4. 为无法言语的动物的权利而战。

5. 使所有工作与商业往来变得美好。

6. 消除药物迷信，最终消除种族恐惧，这是造成精神错乱与疾病的主要原因之一。

7. 改革社会目标、教育体系以杜绝寄生行为，让所有人了解到诚实生活的快乐——这对个体和民族的延续都有好处。

8. 反对诸如服装、家居等社会习俗和潮流的专制。

① 黑海与地中海之间亚洲西部的一个半岛。

9. 国内解除武装、国际实行仲裁，使世界不再尸横遍野。

* * *

亚历山大、恺撒、拿破仑都生活在一个非常狭窄的世界，所以他们征服能够到达的最远的世界。

每个人都生活在有边界的世界里。我们应该竭力征服的世界是我们自己的世界。实践亚里士多德的格言很重要，军队的对手其实就藏在本方的军营中。即我们的对手其实潜伏在我们心中——仇恨、恐惧、嫉妒、懒散、贪婪、惰性、欲望。征服心中的对手的确是一项艰难的任务。

* * *

全身心投入工作。

有时候反对可能是必需的，但将服从与反对混为一谈的人注定会使自己和与之接触的人失望。

企图以反对增加工作乐趣，其结果经常是反对无效，工作也失败。

当奉命完成一项在自己看来卑贱或不公的任务时，反感地辞职，这样的人或许是个不错的人；但是面带微笑地服从命令，心中却大为不满，阳奉阴违的人则非常危险。

假装服从，暗藏反抗之心的人工作起来缺乏热情，漫不经心。

如果反对和服从具有相同的力量，那么你的发动机将会停在两者中央，不会使任何人受益，包括你自己。

*　　　　*　　　　*

在蒙蒂塞洛[①]，我们轻轻地走在托马斯·杰斐逊曾经走过的绿色草坪上，这位伟人曾说过："最好的国家是政府管理最少的国家。"在里士满[②]造型别致的小教堂中，我们看到了帕特里克·亨利[③]站立过的长椅，他在此发表了"不自由，毋宁死"的宣言。

我们去了费城的独立厅[④]，我们站在拱门大街与第三大街，穿过铁围栏，看向本杰明·富兰克林的陵墓。

在波士顿的波尔斯顿大街，我们在一块简朴的石板上读到这样一个名字"塞缪尔·亚当斯"[⑤]，心中顿时涌起钦佩之情。

纽约的教区大街——就在匆忙的百老汇——竖立着一块大理石，上面刻着"亚历山大·汉密尔顿"[⑥]。每天经过此处的几百人都会脱帽致敬。

接着我们来到了康科德城的沉睡谷公墓，拉尔夫·沃尔多·爱默生就长眠于此。不久前我去了印第安纳州的斯潘塞县，探访了俄亥俄河旁一个没有火车站的小村庄。沿着山坡走半英里，就来到了山顶的一个坟墓旁。这里沉睡着南希·汉克斯——亚伯拉罕·林肯之母。

然后我们去了伊利诺伊州首府斯普林菲尔德，向自由开创者亚伯拉罕·林肯默立致哀。

---

① 美国弗吉尼亚州中部夏洛茨维尔东南的一个住宅区，托马斯·杰斐逊故居，现为世界文化遗产。

② 弗吉尼亚州首府。

③ 美国革命领袖、演讲家，曾任弗吉尼亚州州长。

④ 大陆会议发表独立宣言的地方。

⑤ 美国独立战争的领导人，签署《独立宣言》并任马萨诸塞州州长。

⑥ 美国政治家，第一任财政部长。

我们意识到随着时间的推移，林肯的名字与名誉变得更加辉煌。

有时朝圣之地是一个战场，有时是一所教堂，一栋房屋，更多的是一座坟墓。某些人曾经生活、工作、演讲、死亡的地方才称得上圣地。这些人追求的目标只有一个——自由。

活在人们心中，被人们奉为神圣的人是那些为自由而战的人。

在少数这样的人的墓碑上，我们只刻下一个词：救世主。

这些人为了我们的生活付出了生命的代价。他们因为崇高的目标献出了生命，这个唯一的目标值得他们为之生存，为之奋斗，为之抗争，为之牺牲——这个目标就是自由。

演讲家英格索尔曾说："我不知道发现了什么，发明了什么，不知道大脑会闪现怎样的思想；我不知道缝制怎样的荣誉长袍，我无法想象在思想的战场上获胜。但是我知道来自未来浩瀚的大海，在世间的浅滩上，没有比男人、女人、孩子的自由更丰厚的礼物，更珍稀的赐福。"

* * *

当我感觉痛苦时，这只是一个巨大的玩笑。你的痛苦令我落泪，但是我的痛苦——好极了！我因痛苦而自豪，因为我所忍受的痛苦令我终身受益。

昨天在布法罗[①]，我看见电车上一个悲伤不已的女人。她感到一阵眩晕，几乎不能动弹。我与这个女人素昧平生，我肯定她不认识我。看着她那万分痛苦的神情，我的心也一阵阵发痛。当我们眼神交汇时，她的眼里不自觉地流露出无声的恳求之情，于是我举帽，对她笑了笑，仿若旧相识一般。

① 美国纽约州西部一个城市。

她也笑了笑，眼角的皱纹更深了，她还是看着我，汹涌的泪水夺眶而出。这时她转过身去，我看见她牙齿紧咬，似乎极力压抑着心中巨大的伤痛。

某件珍贵的事物从这个女人的生命中消失了——重要而美好的事情——某人不再爱她，她却极度渴求爱情——人类多么需要爱情啊！

电车上挤满了人，但我却想走过去拉起她的手，对她耳语，至少我是爱她的。我想告诉她，只要自己不相信，世界上便没有悲剧。如果爱情走了，我们又何必强求呢，难道不能对爱人放手吗？我想对她说："我知道，我知道——命运也敲击着我。在它的敲击下，我的灵魂变得美好。放松，别再苦苦挣扎，你无须抗争。"

车停了，这个女人下了车，经过我时她看向我。我知道她感到我是她的朋友，她不想把自己痛苦的重担压在我的肩头。

当悲伤铺天盖地地袭来时，只有找到一个能真正分享的灵魂，悲伤才能减少。承受巨大伤痛的人不会找人分担，因为他觉得其他人是不会懂的——它只属于他一个人。他沉默不语，有尊严地、庄严地、优雅地承受痛苦；它具有一种提炼的、净化的品质，使承受痛苦之人如同国王或皇后一般高贵。只有在寂静的夜晚无畏地凝视它，才能减轻悲伤。

* * *

至少我们必须承认超越同伴的人有能力让同伴为他工作，取得伟大的成功别无他法。

* * *

自我克制是获得成功最轻松的途径。

*　　　　*　　　　*

未来人类主要的职责将包含构建人们的生活，使人们对他人发挥最大可能的善意，减少对他人最大限度的伤害。

*　　　　*　　　　*

公众意见是一种伟大的自然遏制力。我们受控于公众意见，而非法令。虽然法令将时代精神表达得清晰得当，但法律常常阻碍、限制公众意见。

*　　　　*　　　　*

现在所谓上流阶层的人们将面对另一种未来。大多数所谓掠夺成性的富人从大众中凸显出来——他们可能会再次变得贫穷。

很多穷人将变得富有。观察埃利斯岛[①]上的移民，你能否预言 20 年后这些男孩或女孩——他们充满好奇、不同寻常、带着几分恐惧——将属于什么阶层？

其中的大多数人会成为工程承包人、律师、银行家、科学家、医生、教师——这一切完全取决于个人的精力、智慧、渴望，他们会被机遇之神改变。

*　　　　*　　　　*

女人是男人的伴侣。快乐来自平等。在赢得女人的芳心后，男人应该继

① 美国东北部。

续如追求时那般花费精力，使她愿意终身与你相守相伴。

妻儿的爱最能拨动普通人的心弦。他将妻儿永远珍藏心底。使男人和女人获得自尊，使他们行为友善，增加善举，减少仇恨，这将对下一代产生最有力的影响。

在我看来，影响孩子成长发育的最大障碍是感情不和的父母、争吵的环境。阿尔弗雷德·拉塞尔·华莱士[①] 说过："我们被一种可能最糟糕的方式养育长大，其结果是变成矮小卑微之人。"

父母的武断蛮横在孩子自卑的性格中得以体现。自由是精神成长的条件，获得自由的最佳方法是培养自由。

*　　　*　　　*

有些作为医生、律师、传教士的男性，他们身在某种环境中，用某种方式试图赢得世界的喝彩和战利品。

我认为这种方式是错误的，但是我绝不憎恨他们。

我拥有上百个从事以上职业的好朋友，由此可以证明我对他们在这一点上丝毫没有误解。

无耻的委托人寻找卑劣的律师为其打官司；愚蠢的病人寻找庸医。对于人类本身，我心中只有赞美、尊重与热爱——有时也心怀怜悯。我鄙视的是他的工作和某些行为。然而，当我发现他的生命与我的生命同样源于伟大的造物主时，我又如何能恨他呢？

① 英国博物学家，发展了进化论，其贡献可与查尔斯·达尔文相媲美。

* * *

如果全世界爱着一个坚持到底的人，那么毋庸置疑，全世界将恨着一个轻易放弃的人。坚持到底！如果失败在所难免，也要做到虽败犹荣，就像泰坦尼克号上的史密斯船长一样。即使放弃，也要像北冰洋珍妮特号[①]上的生还者一样。当那艘豪华航船撞上巨大的冰山时，他们把冰块抛出船外，把国旗挂在主桅的最高处。当船慢慢沉没，旗帜消失在冰山裂缝中时，他们鸣笛为国旗欢呼，然后独自待在巨大的冰块上，距离人类社会3000英里，心中却没有一丝恐惧。

我们该如何评价战争前夜的逃兵、在海面上弃船的水手、在筵席当天辞职的厨师、在客人登门时转身走开的侍者、在收获时节扔掉工作的农场工人、突然消失而导致公司损失上千的雇员呢？想要弥补的他们却坐下来冷静地写诸如“因此我正式提出辞职”之类的话。

当船长从新加坡出发驶向波士顿时，我们只有一个问题。这个问题与台风、飓风、海盗、浅滩、冰山无关。我们想问的是：“你是否曾带领你的船进入港口？”

如果你犯了错，已认识到事实，并且有弥补的表现，那么，即使是严重的错误，你也能改正、弥补。

别在困难面前逃跑。你无法避免犯错，因为犯错的根源就在你身上。

在东奥罗拉村庄附近的一个农场里，饲养着一群南丘羊，品种不错。一天，农场主和工头打算把羊放入消毒液中浸洗。第二天农场主吩咐工头

① 1879年，美国航船珍妮特号受困于西伯利亚积冰，在北冰洋里漂浮了21个月，最后不堪压力而断裂，并于1881年6月沉没。

准备消毒液。羊被浸洗，其中有20只羊的羊毛脱落，可怜的羊被烫伤，起了水疱。

原来工头使用的是稀释一倍的苯酚，而稀释比例应该是一比一百。

工头自然受到了责骂，他应该自己先浸洗试试。然而伤害已经造成，通常人们会坐下来写信给雇主正式提出辞职。

可是这个工头却没有这样做。他写信给农场主，简单说明事实，请求扣除一半的薪水以示惩罚。

农场主同意了他减薪的请求，从此，再也没有发生过类似事故。

工头夜以继日地照料着受伤的羊，如同母亲对待孩子一般。

当年年末，农场主给工头寄来了一张不同数额的薪水支票。

他弥补了自己的过错！

两个人都拥有同样的品质。如果都能直面错误，而不是企图逃避，错误将成为力量之源，而非一种劣势。

当员工犯错时，雇主也有责任弥补。

*　　　*　　　*

过去雇主常常解雇犯错的员工。如今我发现雇主倾向于安排犯错的员工做其他工作，希望他们能从错误中吸取教训。

约翰·罗斯金说过："运用你的时间和精力对抗人类的任性与粗心，这才是有意义的；让犯错的工人在工厂里继续工作，直至变成不犯错误的人，这才是有意义的；指引你的商业伙伴抓住原本以他的判断力会错失的机会，这才是有意义的。"

有一点可以肯定，将羊放入消毒液中的工头对消毒液并不完全了解，在犯了第一次错之后，他会变得更好。

往往做蠢事的人并不是愚者。愚者是了解不够，无法从愚蠢的泥潭中挣脱出来的人。

*　　*　　*

有些神秘的人其实并没有秘密。

我将说到的这个秘密是最有价值、对人们影响深远的秘密。

它是健康、幸福、财富、权力、成功的秘诀。

秘密只为少数人所知。通常最佳的保密方法是让其他人帮你保密。

保持爱情的唯一途径是将爱情公之于众——艺术与信仰也是如此。

我将要说的这个秘密不会使人感到战栗，除非对方早已知晓。

我能为你做的一切就是告诉你你已经知道的事情，但是除非我告诉你，否则你很可能并未意识到自己已经知道了。

*　　*　　*

这个秘密就是：让运动与情绪对等。

我必须阐明吗？好的，我会阐明的：世界上只有一件事情，即能量。能量拥有无数种形式，它的特性之一是永远处于运动之中。它有三种主要表现形式：大气层、水气圈、岩石圈——或者用你喜欢的说法，空气、水、岩石。

因为空气、水、岩石而形成了真菌和苔藓，由此又产生了植被，植被分解后给予了动物生命，从动物到植物，从植物到动物——空气、水、岩石不断地交替变换——带给大自然永恒的运动。

在大自然中，一切都是生机勃勃的；一切都在来去之中，没有什么是静止不动的。稳固性是不存在的。

关于稳固性的谬论向来是过去神学和哲学中一个致命的错误。

进步在于抛弃静止的观点。

大自然的职责之一是吸收和消散—吸引和驱赶—吸纳和散发。大自然制造的万事万物都担负着这一职责。

一切都在运动之中，潮涨与潮落，反应与行动，因与果，转动与回旋。

向心力与离心力使地球上的生命成为可能。

心脏在两次跳动间得以休息。我们所谓的静止只不过是一种平衡。

老虎静静地蹲伏在地的原因只有两个：要么跃起，要么死亡。

死亡是生命的一种形式。死亡是失衡，是空气、水、岩石比例失调的混合物。这时唯一要做的事情是分解尸体，用大量新物质再次组成生命。

*　　*　　*

人类是能量的工具，你可以将能量称为第一定律、不可知物。只有坚持称其为超级之物或超等生物时，我们才会加以区别。

此外，虽然人们的品质不尽相同，但世界上没有独一无二之人，至少没有我们想象中那么多。一个人能获得的事物，其他人也能获得。

现在我要告诉你的是科学，科学是人们共同的秘密知识。

*　　*　　*

人类是能量的传播者，能量贯穿人类全身。从某种程度上说，人类能控制能量；或者至少能控制作为传播者的自身情况。做一个好的传播者的秘诀是让运动与情绪对等。

为了健康、理智、快乐、幸福，你必须用双手和大脑完成真正的工作。治愈悲伤的良药是运动，获得力量的诀窍也是运动。

你必须使运动与情绪对等，才能让身体远离疾病与毒素。

音乐、雕塑、绘画、诗歌形式中隐藏的爱情有着无法言喻的神圣与益处。

爱情是一种内在的情绪，一旦被阻挠或受挫，就会导致阴郁、沮丧、忧闷、嫉妒、愤怒、死亡。持久的爱情是三位一体——因为你爱着我爱的东西，所以我爱你。静止的爱很快变成了恨，或者更具体地说，静止的爱将爱变成固定物，终将消失。

*　　　*　　　*

表达必须与想法对等。如果你在学习，那么，你必须也在创造、写作、教导、给予。如果巨大的快乐降临在你身上，请将其传递，你将获得双倍的快乐。

大多数疾病源自运动与情绪失衡。记忆与表达，呼气与吸气，工作与玩耍，学习与欢笑，爱情与劳动，锻炼与休息。

疾病、忧愁、无知都能导致效率低下。

使运动与情绪对等，你将消除恐惧，自始至终保持高效。身体健康、长命百岁意味着接受生命的每一个阶段——甚至死亡本身——发现每一个阶段的美好。

*　　　*　　　*

无法解除的婚姻有暴力专横的趋向。男人身上不成熟的一面使他变得暴力。文明的职责是使人们获得自由。自由意味着责任。不幸婚姻的根源在于它使双方忽视了彼此自由的权利。婚姻中的自由能够将粗鲁的丈夫变成翩翩绅士。离婚的自由将彻底破坏家庭力量。离婚的自由将纠正男女双方爱抱怨的特点。

在给予自由的同时，我们也得到了自由。在给予爱的同时，我们也留住了爱。在约束对方的同时，我们也束缚了自己。坚定不移、始终不渝、天长地久是男人和女人获得自由的唯一途径。

出售原材料的国家永远无法摆脱贫困。如果你拥有一片森林，那么与出售木材相比，将木材制成桌椅、书架、小提琴出售，将获利更多。

美国拥有全世界十六分之一的人口，却拥有全世界三分之一的财富。北美印第安人拥有丰富的原材料，却不知道该如何使用。我们的财富源于将煤炭与铁矿石结合的能力、将木材与铁螺栓结合的能力、将皮革与鞋带结合的能力、将油漆与胶水结合的能力、将橡胶与钢铁结合的能力。

因此我们向世界出口汽车、皮鞋、农用器械、机车、引擎、黄铜铸件、机械制造的上百万种商品。

我们用纸张、胶水、皮革、铜、钢铁制成了照相机。一台照相机的原材料成本价是 20 美分。南非、英国、日本、德国的消费者花费 5 美元购买，并且认为物美价廉。因此，创造价值的是头脑。

*　　　*　　　*

说话鲁莽冒失是愚蠢的，但是更愚蠢的是将这些话写下来。如果你收到一封放肆无礼的信，坐下来，给他回一封甚于十倍的信——然后将两封信都扔进废纸篓里。

*　　　　*　　　　*

当有人嘲笑另一个人的某种特点时，他其实是在嘲笑自己。他如果没有审视自己心中是否有令人厌恶之事，又如何知晓他人是可鄙的呢？萨克雷[①]写《势利者脸谱》这本书，是因为他本身就是一个势利者，但并非一贯如此。只有当某物归你所有时，你才能辨别好坏。古代先知曾说：“世界在我心中。”

你拥有的全宇宙是你心中的全宇宙。老沃尔特·惠特曼曾在看见一个受伤的士兵时大呼：“我是那个人！”在此之前的2000年，泰伦提乌斯[②]曾说：“我是人，人性所在，我也不例外。”

*　　　　*　　　　*

不加限制的力量是一种悲剧。对抗的各种力量需要相互牵制。如今，拥有力量之人肩负着前所未有的职责。

你有鼓动的能力，那就行动吧，说出你想说的话。

阿喀琉斯[③]马车车轮上的一只苍蝇说道：“哦，瞧啊，我们激起了一粒灰尘呢！”

这只苍蝇的话逗乐了所有人。但是如果车轮上布满了苍蝇，那将寸步难行。摩西时代的埃及人曾经驱赶过成群占据优势的苍蝇。

---

① 英国作家。

② 生于希腊的古罗马喜剧作家。

③ 希腊神话中的英雄。

*　　　　*　　　　*

真正的雇主不断寻找着能够帮助自己的人；自然而然地，他注意到那些无用的雇员，像绊脚石一般的人或事。这是商业贸易的法则——别对它挑错，它建立在自然的基础之上。只有有用之人才能获得回报，回报是为了让你拥有同情之心。

*　　　　*　　　　*

在身体健康的问题上，只需要符合几个简单的规则。遵循这些规则后很快就会发展成个人习惯。养成习惯是一件乐事。

幸运的是，我们无须监督我们的消化系统、血液循环、组成皮肤的几百万个毛孔的工作或神经的活动。

对自己的消化系统过分担忧，时时关注神经系统的人变得神经紧张，容易消化不良。

一个妇女对忙碌的医生说道："我的腰很疼。"

"别在意！"医生只简单地回了一句。

养成健康的习惯，别太在意，这是明智的建议。对身体如此，对灵魂亦如此。

常常为自己的灵魂焦虑不安的人，其灵魂一定微小且无足轻重。

当黑蚁开始担心自己的灵魂时，应该给其建议：别在意！

*　　　　*　　　　*

三个习惯，加之一个条件将使你获得世界上值得拥有的一切。这三个习惯是工作习惯、健康习惯、学习习惯。如果你具备以上三个习惯，并且与一位具备同样习惯的女性相爱，那么你和她便生活在天堂中。

健康、书籍、工作，加上爱能够抚平一切伤痛与不幸造成的悲哀——抵挡所有的狂风暴雨。对它们加以运用，可将悲伤化为愉快，困扰化为平和，痛苦化为幸福。

工作意味着自身的安全以及为人类服务。健康意味着巨大的幸福和潜在的力量。学习意味着知识、镇静、不断发展的头脑。爱意味着其他的一切！

但是爱必须是两情相悦，而非一厢情愿。

* * *

如果垄断企业负重太多，它们会引来竞争，导致解体。成功在于合作与互惠，未来的希望在于世界知晓它的存在。我们无法回到混沌之中。我们必须向前，光明在前方，而不是身后。

我们不会取消火车，改用步行。如今虽然偶尔也发生意外，但是数量不会增多。安全在于避免长途跋涉。

去工作吧！如果找不到需要的工作，那就选择能够得到的工作。证明自己有能力胜任重要的工作，让自己变得忙碌，从小事做起。力量不会在责骂声中得以展现。施展你的一切，忙碌起来！你会得到显著的提升！

* * *

语言是思想的传播工具。思想是感觉的结果。写出优秀作品的秘诀在于写下所感，但要保证你的感觉是正确的。开始写作之前，你必须具备一件工具——文学上的工具——气势十足、富有表现力、意义深远的词句。

悉尼·史密斯[1]说过，发明新菜肴的人为世界增添了快乐。不管是否属实，发明新词语的人为想象力插上了翅膀，使世界各地的人们冲破沉默的坚冰，变成手足兄弟。

通过语言，我们认识了高尚之人、伟大之人、善良之人、能力出众之人——无论在世还是去世，因此我们与构成整个文明的人们成为手足。

衰退总是始于城市：当城市取得成功，城市人开始堕落时，文明的退化便开始了。

*　　　　*　　　　*

我要的不是那些谈论应该做什么的人，而是默默行动、着手去做的人。

*　　　　*　　　　*

有一天，我遇到了一位泰坦尼克号的幸存者。当船上的锅炉爆炸时，这艘巨轮渐渐下沉，我的这位朋友感觉自己快要坠入海中。作为一名经验丰富的游泳者，他在不知不觉中感到不能吸气。于是他屏住呼吸，脑子里却在拼命思考。虽然身体慢慢下沉，但是他知道很快就会浮出水面，唯一的问题是能否长时间屏住呼吸，使自己逃脱溺水的困境。

当他感到自己浮出水面时，他的心里一阵狂喜，随着头伸出水面，他伸展手臂，在海浪上尽可能地平展身体，大口大口地呼吸。

① 英国作家。

这时他抬头看见了夜空中的点点星光，心中涌起一阵死里逃生的感激之情。他还活着：他的感官完好无损，他还能思考、呼吸、感知，还能看着闪烁的繁星。他好似在鬼门关走了一遭，又回到了人世间。他还活着！

然而，他突然意识到靠游泳坚持不了多久，水冷得刺骨。于是他开始寻找救助。

他看见大约100米之外有一根漂浮的桅杆，只要能抓住这根桅杆，毫无疑问，就是找到了天堂。于是他奋力向桅杆游去。费了九牛二虎之力，他终于成功了。紧握桅杆的他撑起身体，坐在桅杆上。此刻的他又抬头看了看天，心中再一次涌起强烈的感激之情。他还活着！得知桅杆能够支撑自己的重量，他心中充满了快乐。

但是起风了，寒风吹得他身体直打战，他知道这样下去撑不了多久。就在这时他发现大约100米外的海面上有一艘船。于是他一遍又一遍地大声呼喊。船慢慢地朝他的方向靠近。看着船离自己越来越近，他知道只要能上船，毫无疑问，就是找到了天堂。

几分钟后愿望实现了，他坐上了船，此时的他已经筋疲力尽，累得连手都抬不起来，可是却异常开心：他和人们在一起。

人们一起划桨，船随着波浪漂浮。经过了漫长的等待，东方出现一丝粉红，他们知道天快亮了。此时远方出现了一个巨大的灰色的影子，上面充满了光亮。于是他们祈祷、哭泣、等待——此刻的他们只能这样做。卡柏菲亚号救援船逐渐靠近，我的朋友暗自祈祷，希望能爬上船，躺在甲板上。这就是他的全部请求——只要能躺在甲板上，得知身下就是救援船，这就足够了。

他的祈祷应验了。他爬上绳梯，心怀感激地跪在甲板上。但是很快他便意识到自己全身乏力，于是恳求能被安置在最简陋的船舱中，只要有一张床、一条毯子就好。船舱里有母亲和孩子给他腾出了位置，当他躺在床上时，他自言自语道："毫无疑问，这就是天堂啊！"他满怀感激之情闭上了眼睛。

然而一两个小时以后，孩子的哭声、饭菜的味道、拥挤的人群令他生厌，他觉得自己必须离开这杂乱的人群。于是他找到一位海军士官，请求给自己一个客舱。他的请求得到了满足，进入客舱的他高兴不已，说道："毫无疑问，这就是天堂啊！"他全身放松地休息，心里琢磨着，打算靠岸后给朋友发电报。那天晚上他睡得很香，可是第二天早上一醒来，他就发现这个客舱不对劲。于是他向乘务员询问上甲板是否有铺位，谁是服务员。乘务员回答所有的铺位都满了，除了船长舱里可能有一个铺位。于是我的这位朋友拿起铅笔，给船长写了一封信。信是这么写的：

亲爱的先生：

我住的船舱正好在发动机旁边。整晚我都听见机器的声音。这种噪声和难闻的气味扰得我睡不好觉，另外，这个船舱又小又不通风。

我知道在上甲板您的船舱里有一个空余的铺位。好心的先生，请求您允许我和您一起住在这个船舱里。请让送信人传话给我。

您真诚的朋友

船长没有答复。

这个真实故事的寓意在于：人们一旦得到，便想要得到更多，永不满足。

（三）商业成功的奥秘

出口原材料和粮食意味着撇去牛奶上的奶油。我们必须在本国使用原材料，消费粮食，然后再出售制成品。如此，我们才能让世界财富流入本国。

亨利·福特[1]出售比例恰当的钢铁、黄铜、皮革、木材，价格为每磅50美分，因此他能够支付美国工人每人每天最低5美元的工资。在任何欧洲国家无法与之匹敌的制造设备的帮助下，他做到了。

亨利·福特首先满足国内市场，然后购置制造设备，向国外提供产品，因此才有了今天闻名世界的福特汽车公司。我们应该出售的不是原材料，而是我们的智慧、才能、技术、效率、组织能力。

*　　　*　　　*

命运将一个人扔在某种环境中。如果这是一个荣誉之所，这个人则把进入此处的功劳完全归于自己；如果这个环境没有荣誉可言，他将永远责备将自己带入此处的人。

我们总是将成功归因于自己，错误归咎于他人。

① 美国汽车制造商，他改进了以汽油为燃料的汽车，成立了福特汽车公司。

我们证明自己做的每一件事都是正确的。智者清楚地看到这种自我证明是大自然自我保护的一部分。这种夸张的自我证明是最重要的必需。世界各地的所有优秀之人都将自己的工作价值增加十倍。生活中的成功在于相信自己是重要人物，然后让世界接受你的观点。

罗斯丹[①]的笔下有一只自信十足的雄鸡，在信心满满的它看来，只有自己的一声啼叫，天下才能大亮。雄鸡让母鸡对着自己咯咯叫，这成了正统时代精神的一个永久组成部分，一直被保留下来，但是偶尔也会有意外——当珍珠母鸡喜欢上畜棚场的主宰者时，会发生爱的意外。

因此，生命是自相矛盾的——爱不仅是幻觉，更是伟大的启迪者。

*　　　*　　　*

女性被极大地纳入社会福利中。女性是天生的经济学家和管理员。她不需要保护人相伴左右，深受家长作风之苦。

骑士精神是家长作风的结果。

让女性自我调节，以适应财富的制造，从而拥有财富。如今每所学校都开设了商业课程。遍地开花的商业学校做了大量出色、有用的工作，使女性能够胜任有回报的工作岗位。

工厂、商店在某种程度上充当了教育机构。

虽然世界的前进速度慢于我们的预期，但是它的确在前进，朝着正确的方向前进。

① 法国剧作家，以其轻松的娱乐性戏剧而出名。

*　　　　*　　　　*

很多情况下，在医院候诊厅的病人是由于暴饮暴食而致病的。

此外，其他严重的后果还包括呼吸不畅、睡眠不规律、缺少运动、滥用兴奋剂，产生恐惧、嫉妒、仇恨的情绪。

以上这些情况在很多人身上会引起发烧、发冷、胆怯、充血，以及排泄不畅。给由于“报复”的欲望以及缺乏新鲜空气而导致营养不良的人服药只是单纯地增加了他的麻烦，搅乱他的疾病，使他准备好面对麻醉药和手术刀。

大自然永远试图保持人们的健康状态，大多数所谓的“疾病”（疾病的字面含义仅仅是“不舒服”）是自我限制，事实上是会自我治愈的。

如果你有胃口，别暴饮暴食。如果你没有胃口，别不吃东西。

除了新鲜空气与阳光，对其他所有东西都要做到适可而止。

*　　　　*　　　　*

法律中有这样一句格言：善举不应该成为恶行的补偿。生命的发展先于法律。法律常常落伍，步履蹒跚。布莱克斯通[①] 说过：“好律师的职责在于使法律跟上时代步伐。”当我们听见有人被起诉时，会感觉心情沉重，并且问道：“是谁？ 还有别的什么吗？”通常我们都知道事实不只是起诉书中陈述的那些内容。起诉书只提到了最严重的一部分，恶意地、有预谋地重复一遍又一遍。起诉书的责任是起诉。法律是一回事，公正是另一回事。如今所有优秀的律师和法官都承认这一点。他们不像以前一样油嘴滑舌地空谈公正。

① 英国法官、教育家。

我们想起了历史上最伟大的人如何被痛斥、辱骂、监禁、没收财产；我们想起了建造雅典城的伯里克利[①]被杀、被羞辱；我们想起了他如何来到法庭，请求法官宽恕他的妻子阿斯帕齐娅，免其一死；我们想起了阿斯帕齐娅和伯里克利的儿子在政府的命令下被执行死刑；我们想起了伯里克利的好友、最杰出的雕刻家菲迪亚斯[②]，因为他将伯里克利的形象雕刻在圣盾上，被认为亵渎了神灵而被处以死刑，尸体被扔给野兽；我们想起了苏格拉底，这位最伟大的思想家和哲学家在500名陪审员的命令下被判处服毒自杀，他在法庭上慷慨陈词，据理力争，后由学生柏拉图整理记载在《申辩篇》中，成为不朽的文学经典。

希腊铭记苏格拉底、阿斯帕齐娅、伯里克利、菲迪亚斯、希波克拉底、亚里士多德的辉煌——他们在法律面前都是有罪之人——被羞辱、流放或处以死刑。只有将他们以及毁灭他们的人留在文字记载中，希腊的历史才得以保留，因为他们的名字与伟大紧紧相连。

当人们忘记如何微笑，当人们的进取心消亡，创意凋零，当世界无法孕育出诗人、发明家、画家、雕刻家、开拓进取的人时，中世纪迎来了千年的黑暗。但是，当1492年哥伦布扬帆起航，当马丁·路德[③]在街头歌唱，用帽子接便士，当米开朗基罗和达·芬奇生活、恋爱、工作时，世界便从沉睡中苏醒了。在100年中，最伟大、最优秀、最聪明之人却被处以死刑、被辱骂、被诋毁、被监禁，例如，哥白尼、布鲁诺、伽利略、巴尔沃亚[④]。发现新大陆的哥伦布被投入监狱，直至死神逼近，才得以被释放。

① 古雅典首领。

② 古希腊雕刻家。

③ 德国神学家、欧洲宗教改革运动的领袖。

④ 西班牙探险家、西方太平洋发现人。

*　　　　*　　　　*

新生事物必须为自己的存在而战。每一项创新都会遭到反对。惰性阻碍我们前进的步伐，与新生事物相比，我们宁可捍卫旧事物。

此外，对新发明价值的质疑一直不断，必须承认，新发明很有可能会全面失败。爱迪生不仅发明了使用电的方法，还使之商业化，教导全世界如何用电。乔治·威斯汀豪斯[1]发明了空气制动器，然而他面临的真正挑战在于说服铁路部门相信其价值。

*　　　　*　　　　*

令他人相信自己，是一件美妙的事情。这是爱的一种巨大回馈。爱将对象理想化。爱将小小的倾向放大成优秀的美德，将潜力转变为才能。爱是一种行动和反应，一个承载着巨大期望的人得到提升，他的美梦终会成真。

母爱是人性海洋中永恒的、伟大的、澎湃的、神圣的涌流。即使无言的动物也流露出母爱。雌鸟宁死也不愿抛弃雏鸟；不可战胜的老虎竭尽全力保护幼崽。天才深深感激母亲，从不冷言相向，因为爱不能被分析，也不能被放在载玻片上。

*　　　　*　　　　*

对说谎者的惩罚是他最终也相信了自己说的谎言。

① 美国发明家。

*　　　　*　　　　*

预言家是文明的侦察员。

*　　　　*　　　　*

你是否观察过求职者或手下的年轻人，预言他将一事无成，只能做个小职员，然而数年后你的预测却被完全推翻？

如果你是编辑，是否曾将一份自认荒唐无用、一派胡言、蠢话连篇的稿件拒之门外，然而这篇作品却被你的竞争对手采纳发表，并且受到大众的一致认可，在你口中不懂写作为何物的作者却令你望尘莫及？

如果你是商人，是否认为下属递交的计划愚蠢至极、不切实际，然而你的劲敌却因采纳这份计划而赚取了上百万美元？

你是否曾勇敢地捍卫某一行为或纲领，然而几年后却主动承认自己错了，转而谴责你曾经支持的行为或纲领？

你是否作为原告站在法庭上，面对陪审团笑着说道，对方根本站不住脚，然而，不一会儿，陪审团团长冷静地对你说道，陪审团找到了证据？

因此，你明白了，对自以为绝对正确的信心稍加质疑，减少深信不疑，生活才不会变成一场徒劳。

*　　　　*　　　　*

上天只对人的一种特性给予金钱和荣誉上的丰厚奖赏，那就是自发性。什么是自发性？让我来告诉你吧：自发性是在没被告知，没人吩咐的情况下，主动并且出色地完成工作——这是第一种人。第二种人是被告知过一次后立刻行动，做好工作。第三种人直至被告知两次后才会动手去做。这样的人既得不到荣誉，金钱回报也很有限。第四种人只有被形势所逼才开始做事。这种人只会遭到漠视，收入相当微薄。他们浪费了大好光阴，最终只能以悲剧收场。第五种人哪怕有人逼迫，告诉他如何去做，并且死死地盯着他，他也无法将事情做好。这样的人走到哪里都逃脱不了失业的命运，只能默默承受自己造成的后果。

你属于哪一种人呢？

*　　　*　　　*

商场如战场——一场持续不断的斗争——如同生命一般漫长。人们通过斗争达到了现今的发展程度。斗争一直都有，并将永远存在。最初只是纯粹的武力斗争，人们逐渐将斗争从阵地作战发展为脑力竞争、精神之争。

毫无疑问，斗争将一直持续下去——让生命充满了活力。如果是善举之争，那么斗争仍将存在。如果你被惰性占据，那么死亡即将降临。

*　　　*　　　*

不仅要永远警惕自由的代价，还要警惕其他所有美好事物的代价。没有主动、警惕、细心、机警的员工效力的企业是失败的。如同氧气是生命的分解法则，夜以继日地分裂、分解、消散，因此，商业中也有一些东西在不断地散播和毁灭财富，或将财富从一个人转移至另一个人。如同上百万只老鼠不停歇地啮噬着每一家风险企业。

老鼠不是中立者，如果员工里的中立者过多的话，那么整个企业最终将在他们面前垮台。

*　　　　*　　　　*

服从的精髓在于控制冲动，以此控制开放的思想与热情的内心。有的船长密切留意舵柄，有的却粗心大意。那些被船长忽视舵柄的船只迟早会被撞出大窟窿。

避开岩石，服从舵手的命令。

服从不是奴性十足地听命于人，而是一种欢乐的精神状态，适应各种必要的情况，乐于执行命令。

*　　　　*　　　　*

无论何时，只要你走出家门，就应该收紧下巴，昂首挺胸，大口呼吸新鲜空气，沐浴着阳光，微笑着问候朋友，真诚地与人握手。不要害怕被误解，不要在敌人身上浪费一分一秒，要心无旁骛地专注于你要做的事，然后积极主动地朝着目标勇往直前。

将注意力放在你执意要做的重要的事情上；随着时间的推移，你会发现机遇不期而至，愿望也会就此达成，就像珊瑚虫在涨潮时凭借潮水的力量获得自己想要的东西一样。请在脑海里构想一个能干、真诚、有用的形象，这种念头会时时刻刻将你打造成这样的人。

思想是崇高的，保持正确的精神状态——勇敢、坦诚、乐观。正确地思考即是创造。世间所有的成果都源于欲望，每一位祈祷者都得到了回报，我们的愿望都将一一实现。

*　　　　*　　　　*

当你认同外部世界的某一件事时，那是因为它已扎根于你心里。

*　　　　*　　　　*

悲观主义者是那些被迫与乐观主义者共同生活的人。

*　　　　*　　　　*

在恋人们眼里，所有事物都同样重要，这是最高层次的心智健康。事实上，康德[①] 长篇论述了万事万物都有其价值，不存在微不足道的事物，也没有什么事情重要到应该吸引人们完全的注意力。施莱尔马赫[②] 总结道："没有什么事情是重要的，因为所有事情的价值相同。就个人而言，没有什么事情是毫无价值的，没有什么事情是无关紧要的。死亡与生命、睡眠与活动、沉默与演讲具有同样的价值。"

恋人们手牵手地漫步在田野上和树林中，翻越山谷，穿过沼泽和山脉，向北眺望黎巴嫩和亚马纳的高峰，对面是圣尼尔和赫蒙峰，那是狮子的洞穴和美洲豹的出没地；分枝的雪松和枝繁叶茂的柏树；翠绿油亮的草地上点缀着野花朵朵。恋人们聆听着潺潺小溪温柔的流水声，深深呼吸着拂面的芳香微风，一路南行，朝着东约旦走去。他们注视着基列山，可提取有治愈功效的芳香油的树木遍布山谷；走过比伦的最高峰，玛哈念地区，再往西，来到

① 德国哲学家。

② 德国哲学家。

被橄榄树林、鱼塘、耕田覆盖的加尔默多山。就在沙伦平原旁边，玫瑰枝攀上了古老的石墙，谷地上开满了低垂的花朵，成群的瞪羚在百合花间觅食，乳白色的鸽子咕咕叫着，在水边玩耍或藏在岩石缝中，或藏在斑鸠常常出没的树林里。

恋人们转身向南走去，走过隐基底的宫殿、花园、地点绝佳的皇城塔楼，指甲花种植园，希实本水池；但是这个城市并不能使他们满足，他们加快脚步回归简单快乐的乡村生活，葡萄园、菜园，一望无际的田野，遍布的森林，在这里，一切都是如此自由、如此美丽，就连狐狸也带着幼崽来此啃咬柔嫩的葡萄藤。

*　　　　*　　　　*

哪怕偶尔思想天马行空，恋人们仍然脚踏实地：他们并非对食物无动于衷，他们也在花园里品尝美味的水果、曼德拉草、棕榈果，品鉴石榴汁和葡萄酒。然而他们不是真正的大自然之子，因为当夏天过去，他们就要回到城市，他们谈论戒指和珠宝、图章和宝石、皇冠和项链、金银的饰钉、轿子和马车、大量的财富、大理石柱子的宫殿、象牙塔、各种香料和价值不菲的香水。

如今爱情成了生机勃勃的大自然的主要推动力，失去了爱情，地球将笼罩在绝望的黑夜里；在爱情积极的影响下，恋人们得以改变，在他们眼里，世界第一次展现出壮美的一面，星星的秘密也被他们窥探——他们看到了万事万物美好的一面——拥有了开启他们之前从未发现的神秘宇宙的钥匙。此刻恋人们停下了脚步，心中迟疑犹豫，他们不再前进。或许是能力有限，或许是为社会所迫。

*　　　　*　　　　*

如今出现了一个新的团体，它阐述的事实早已为人们所知。

这个团体被称为常识团体。

它涉及政治、社会、经济、道德、商业、宗教。女人、儿童、男人同样有资格加入其中，享有投票权。除非过于夸耀，否则你的过去不会成为你的阻碍。

该团体没有入团仪式！除非你向你的世界递交申请，否则你永远不会被逐出这个团体。常识团体的基本原则有：快乐、谦恭、善良、勤奋、健康、耐心、节俭。

世界上有两种生活方式——只有两种——一种正确、一种错误。如果你的生活使人类受益，那么你生活在正确的轨道上；如果你是社会的困扰、麻烦、危险、负担，那么你的生活方式偏离了正轨，将很快受挫。

所有人，所有事都将厌恶你，因为你厌恶你自己。当你开始抱怨时，你的健康状况会下降，惰性和虚弱会将你牢牢占据。

软弱是唯一的奴隶。自由是最高的目的——冲破自我强迫与自我限制。

这是大自然的法则：自助者天助。如果你想身体健康，工作出色，别违背自然法则，她会令你保持健康与活力。只要你证明自己与大自然站在一起，她就与你站在一起。我们应该与大自然和谐相处。

如果你真诚地从事自己分内的工作，大自然将用荣誉、金钱与权力对你予以奖赏。

保持和善的态度。不能轻视或辱骂。如果你得不到理想的工作，那就接受能够获得的工作。赢得高位的唯一途径是让世人明白，你不以做卑微的工作为耻。

世界需要更多具有常识的男人和女人。新团体的格言是：己所不欲，勿施于人。

当心存质疑时，常识团体的人不会多管闲事，如果他们不知道该说什么，便会选择沉默。谈论邻居时，他们只提及对方最好的一面，因为他们知道人非圣贤——没有人能优秀完美到成为橱窗里的榜样。

常识团体的团员知道自己必须保证 8 小时的睡眠；必须控制食量，不能暴饮暴食；必须对他人心怀善意；如果想保持健康，必须每天去户外运动。他们意识到如果自己不能保持健康，那么他们对周围的人或多或少是一个麻烦，自己将彻底失去属于自己的健康、财富、幸福。

常识团体的团员不会自找麻烦，也不会尝试小额贷款，巴望着发工资的日子。他们在自己的能力范围内生活，偿还债务，接受能够获得的，感激事情没有恶化。

* * *

在鲁农住着生活条件不同的、各种各样的人。曾经有一位居民，沃尔特·贝赞特爵士。沃尔特爵士经常到海德公园散步。在公园的入口处总是蜷缩着一个年迈的女乞丐，伸出一双满是污垢的手，咕哝着军人丈夫死去后，自己在家饥肠辘辘几个月的悲惨故事。沃尔特爵士经过时总会给她一个铜便士，久而久之形成了习惯。

几个月后，沃尔特爵士和这位老妇人渐渐熟悉了：他给钱时会对她点点头，谈论几句天气，她也自然地说几句感激祝福的话。

有一天当他给她便士时，停下来和她聊了一会儿，老妇人将钱还给了他。“给我银币，”她说道，“对如此可怜年迈的我，你这样的绅士居然只给一个脏兮兮的便士——我要银币！”女人上前几步，凑近他的脸，挥舞着手臂，颇有几分威胁的意味。

沃尔特爵士迈步走开了。她提高嗓门，声音刺耳，语言恶毒，一把抓住他大衣的翻领，尖叫道：“给我银币，你这个卑鄙的流氓！快把你欠我的给我！”

其他乞丐纷纷围拢，出租车司机从对街飞奔过来，行人也停下了脚步。人群聚集到一起。老妇人向人群哭诉：“看看他！好好看看他——就是他干的！是他毁了我的自尊——是他毁了我的自尊！”

出租车司机越围越紧，嘀咕着狠话——显然，他们都同情眼前这位老妇人。“他毁了我的自尊！他施舍我——他施舍我！”

沃尔特爵士从口袋里掏出一把硬币，扔在人群中。趁着人们争抢硬币，他赶紧逃了。

第二天沃尔特爵士去另一个方向散步。

又过了一天，在白教堂散步的他被一个尖锐的声音吓了一跳，“就是他，就是他——这个人毁了我的自尊！看看他啊，这个衣冠禽兽——他施舍我——他施舍我！”

只见在一群顽皮的孩子的身后，那个老妇人正指着沃尔特爵士。这时一辆公车驶来，二话不说，他赶紧抓住梯子爬到顶端，老妇人大叫：“就是他——这个衣冠楚楚的流氓——就是上面那个男人！”

沃尔特爵士的遭遇在慈善家中并不少见。很多尝试帮助他人的人都遭人愤恨。你的敌人竟然是那些受你帮助、受你恩惠最多的人。但是如果我们足够坚强，我们就永远不会去憎恨；慷慨大度的沃尔特爵士没有抱怨自己的遭遇——这只不过是一出小小的、奇怪的喜剧，与所有真正的喜剧一样带有几分悲悯。正如融入了喜剧，悲剧才添彩不少一样。世界上不只有乞丐、忘恩负义之人、愚者，还有耐心的工人，热心的、有同情心的男人和女人，他们是维持世界安全和谐的人。

做好事的人不应该期待对方知恩图报。做好事的回报在于做好事的过程。沃尔特爵士或许犯了一个错误，给了老妇人第一个便士。他是好心，但也许他的行为是错的——谁知道呢！

无论如何，记得保持一颗善良的心——大多数人希望做正确的事。几天里，那个老乞丐都出现在自认沃尔特爵士为躲避她的纠缠而绕行的地方。然而应该受到同情的是老妇人，而不是沃尔特爵士。她失去了贝赞特爵士的友谊。

* * *

所有伟人的成功在于一件事——知人善任。个人的努力价值甚微！真正的价值在于明智选择、合理管理执行其计划的人员。在所有的成功案例中，不管是银行、学校、工厂、公司还是铁路，经营与鼓舞整个机构的都是领导者的精神面貌。企业的成败表明了领导者的心智、道德以及精神品质。能够激发大多数工人对工作尽职尽责，做事有始有终，使他们充满抱负、善意和勇气——这样的领导者应该跻身世界伟人之列。

* * *

在学校教育中，学生们背诵书本知识，背诵教授告知的内容，然而教授讲解的内容大部分是背诵书本知识以及教授告知的内容。

聆听教导比主动争取容易。接受比调查容易，追随比带路容易。

然而我们都继承了独特的才能，于是少数人不满足跟随他人的脚步。这样的人通常被出其不意地扼杀。如今我们大声呼吁：“给个性以空间！”

*　　　*　　　*

企业的成功展现了企业内部的团队精神。每一家企业都有自己鼓舞士气的精神，否则只能一派死气沉沉。如果充斥着争斗、嫉妒、猜忌、恐惧和怀疑，不管是企业还是军队都注定失败。

团队精神主要来自领导者。领导者的责任是激励属下，而不是与之争斗。

正是因为具备团队精神，恺撒第十军团才能战无不胜。

*　　　*　　　*

查尔斯·W. 艾略特博士[①]说过："真诚是新的美德。"让你的企业以真诚著称吧。

对于已经过去的日子，我们能说的最好的话便是，它们过去了。

广告业者面朝东方，崇拜冉冉升起的旭日。传统的燃料吸引不了他们，他们想要的是能提供源源不断热量的无限煤油。

优秀的广告创作者不是伪哲学家，也不是假神学家——他是实用主义者。他追求对自己、对客户、对全人类有益的东西。

广告学是心理学。心理学是人类心灵的科学。

登广告者的工作是为人类提供所需的商品；他必须常常唤醒对人们有利的欲望。他教育公众什么是需要的，什么是想要的，在哪里、以何种方式获得。

不允许自己登广告的牙医才是"合乎职业道德"的牙医——这一观点最

① 美国教育家、编辑，曾任哈佛大学校长。

初基于医生做虚假广告这一推论。这种观点曾经以这一事实为依据：当时只有临时工才会做广告。住在城镇里的商人认为所有人都知道自己的地址和提供的商品，医生也是如此。

如今这一观点已经失效。我们的生活节奏加快，各种发明层出不穷，世界日新月异，很多不做广告的人落伍了。虽然你能够将生意经营、管理得井井有条，但这不能成为拒绝做广告的理由。

*　　　　*　　　　*

停止即撤退。为了留住老顾客，你必须推陈出新。

经久不衰的声誉、长盛不衰的企业都恰到好处地做了广告宣传。

在希腊历史上，我们所知的名字是希罗多德[①]和修昔底德[②]笔下不朽的名字。正是普鲁塔克[③]将这些名字刻在人类心中，我们才得以了解行走在石板路上的罗马人。普鲁塔克了解的所有希腊英雄都来自希罗多德的作品。

莎士比亚所知的希腊、罗马以及久远时代的英雄来自普鲁塔克的传记集《希腊罗马名人传》。如今大多数人了解希腊和罗马的途径是阅读莎士比亚的作品。

普鲁塔克浓墨重彩地宣传他的罗马朋友，并且将喜欢的人与希罗多德作品中的希腊人逐一比较。普鲁塔克记录下自己喜欢的人物，其中一些我们了解的人物为支付开销提供大量资金。

---

① 希腊历史学家。

② 希腊历史学家。

③ 古希腊传记作家和哲学家。

* * *

如今，贺雷修斯[①]依然站立在那座桥上，因为诗人将他永远地留在了那里。

保罗·里维尔[②]依然骑在马背上，连夜送出警报，因为诗人朗费罗令时钟倒转。

穿过领海，敌军要求保罗·琼斯[③]投降，然而保罗·琼斯的话在大海上回荡："诅咒你们的灵魂下地狱——战斗才刚刚开始！"受到这无畏声音激励的几千名战士冲破困境，扭转战势，很快便大获全胜。

如今在布鲁塞尔还能听见夜晚狂欢的声音，只因著名诗人拜伦将狂欢的场面化为文字，世代流传。

鲁莽冲动的26岁海军准将佩里从未发出这样的信息："我们已经与敌人相遇了，并且将其打败。"消息是一名优秀的记者发出的，虽然佩里早已去世，但记者的文字仍然鲜活。

安德鲁·J. 罗文将信送给加西亚，虽然值得赞赏，但是这个行为将随着时间被迅速淡忘。然而历史学家乔治·H. 丹尼斯将此事铭刻在民族的记忆中、历史里，世代相传，如今它早已成为精神领域的典范。

* * *

所有文学作品都是在宣传。所有真实的广告都是文学作品。

① 罗马传说中的一名英雄，他把守着台伯河上的一座桥，奋勇护桥，誓死不让伊特鲁里亚人过桥。

② 美国银匠、雕刻师及美国革命英雄，因策马狂奔传递警报而出名。

③ 美国独立战争中著名的海军将领。

作家在作品中宣传人物、时间、地点、行为、事件。他的诉求对象是全人类的灵魂。如果他不了解世间男女的心跳、希望、快乐、抱负、品位、需求以及欲望，那么除自己以及对他赞赏有加的朋友外，他的作品将无人问津。

广告迅速成为一门高超的艺术。它的主题是人类需求以及能在何时何地、以何种方式使需求得到满足。它具有吸引、鼓舞、教育——有时候娱乐——告知的作用，因此它促进了人类发展，帮助欧洲走向伟大的帝国。

*　　　　*　　　　*

只有性格具有价值。那么什么是性格？首先，性格与习惯有关。整天在商店或工厂工作的年轻人去户外做一定量的运动，再每天花一个小时全力以赴地提升智力，这样的人将成为卓越之人。

但是没有目标、漫无目的地漂泊、虚度时间将一无所获，技艺将荒废。在蓝天下漫步，在花园里挖土，打球，然后聚精会神地学习半小时，你注定会成为赢家。

道路上留下了一排排前进的足迹，永不停歇。

“这是些什么样的人？”你问道。

这是一群年轻的人们，他们将成功，成功！

婴儿长成孩子，孩子长成青年，青年长成男人与女人。人类一直前进——坚定不移、势不可当，朝着更高更远的目标！

如今地球上的人口比过去任何时候都要多。

虽然人口众多，但机会也比任何时候都多。

生命是复杂的、艰难的。今天的抗争比过去任何时候都激烈。

我们需要所有能够得到的工具。

世界上没有完全的成功。在取得每个成就之后，都有一个声音在回荡："站起来，抛开眼前的成就，现在还不是休息的时候！"

因此，这是一条无止境的道路，我们永远在工作、抗争、奋斗，不断地努力就是生活的全部。

但是当生活被安排得井井有条，当我们工作、学习、玩耍、微笑，用爱情为生活增加乐趣时，我们已经找到了解开难题、突破困境的钥匙。

* * *

健康的法则非常简单，即使智力平平的人也能掌握八九分。但是我们没有获得完全健康的原因，不是无知，而是惰性使然。问题出在我们的头脑中——我们缺少自制力。

* * *

请法庭允许我提几个理由，以此说明为何不应以人性作为判断标准。如今时代尚未发展至能够公平、合理、恰当、正确地评价人性的阶段。人类尚未被完全创造——仍在完善之中。我有几点为人类辩解的理由。

爱默生说过："我还未见到一个人。"言下之意，他还未见到一个与自己想象中同样优秀的人。在他看来，人类运用想象力创造出的人终有一天会变为真实的、活生生的人，从想象走入现实。凡事都是先有想法，再有行动；先有设计图，大厦才能拔地而起。这一点真实存在于我们的活动中——我们拥有感觉、欲望、想法、思想，行动随之而来。

如今我们见到的所有人都是不完整的人——只是一部分而已。为了成为真正伟大之人，我们必须取其精华，去其糟粕。

*　　　*　　　*

如今人类的生活一直在发展中前进。普通人渴望公平正直。当然必须承认，发展之路是崎岖不平的，就像海上扬帆的航船会遭遇风浪，有时人性的航船会停滞不前，看似迷失了方向，但是偏离航线后，迷雾会散去。此时文明已经准确且迅速地得到发展。

*　　　*　　　*

一天我写信给一位银行家朋友，咨询某人的工作情况。得到的回复为：“在所从事的工作中，他是个每一项都可以拿满分之人。”读罢这封电报，我将它钉在我的书桌上，以便随时都能看见。当天晚上这件事印在我的脑海中，并且出现在我的梦里。第二天我将信给熟识的一个朋友看，说道：“我更愿意接受这样的评价，而不愿听到‘某人是一个伟大的什么什么家’的说法。”

奥利弗·温德尔·霍姆斯[①]曾说过，在著名的波士顿公园随便扔一块石头，也能击中三个诗人、两个散文家、一个剧作家。

满分之人还没到泛滥的程度。

满分之人不辜负每一份信任，言出必行；对效力的公司忠心耿耿；对侮辱和轻视不闻不问；措辞文明有礼；对陌生人彬彬有礼；对仆人体谅有加；不暴饮暴食；主动学习；行事谨慎却不失胆量。

满分之人在能力上有高有低，但有一点毋庸置疑——与他们打交道相当放心，不管是马车车夫、机车司机、职员、出纳员、工程师，还是铁路负责人。

① 美国医生、作家，哈佛大学的解剖学及生理学教授。

偏执狂是自我膨胀之人。在集会时他们想要最好的座位，他们渴求称赞、恭维、尊重，为了看看第二天早上的报纸会如何评价，他们有时竟会自杀。

*　　　　*　　　　*

偏执狂与满分之人截然相反。偏执狂认为自己遭受了不公正的待遇，是有人故意为之，全世界都与他作对。他得到的都是奇异的、古怪的、易变的、异常的、无常的事物。

满分之人或许看似与他人不同，或许穿着、谈吐相异，但他的行为是真实的，是合乎天性的。他就是他自己。他关注的是如何完成工作，而不是人们怎样议论他的工作。他不关心一般大众的看法。他实践自己的想法，对行为思考甚少。

我见过的满分之人都是从孩童时期就被教导要成为有用之人，珍惜光阴，不铺张浪费。偏执狂无一例外地免予工作。他受到宠溺，有人服侍照顾，被嘲笑。

旧式大家庭的优点在于没有让孩子受到过度的关爱。与让孩子相信家长必须为他服务相比，在 21 岁之前，孩子必须为家长服务的“过时”观念其实对孩子更有利。

在大自然的本意中，我们都应当是穷人——应该靠自己的双手挣得面包。

*　　　　*　　　　*

当你遇见满分之人时，你会发现不管其财务状况如何，他都过着有节制的生活。不管有多高的专业天赋，只要自认取得了巨大成功，打算将能力用于娱乐的人都是危险的。

满分之人自力更生、自给自足；他先挣后花；支付自己的开销；明白世上没有免费的午餐；不觊觎他人的财产。当他不知道该说什么时，便选择沉默。我们应该以道德品质论人，而不是仅仅看重成就与技艺，因为在生命中只有道德品质才是最重要的。我们应该对判断力、鉴赏力、专注度评级。因习惯和天性使然，不可靠、不忠实的人其危险程度与聪明程度成正比。我希望看到大学致力于培养安全的人，而非仅仅聪明的人。大学如何才能只向那些想要成为有用之才的人颁发“满分”的学位？难道大学不应该朝着这个方向努力吗？

* * *

一次，悉尼·史密斯牧师列举了我们必须拥有的事物。他在结尾写道，我们可以抛弃一切，除了厨师。

然而查尔斯·兰姆[①]曾经常常不吃饭，省下饭钱购买书籍。安德鲁·兰[②]说过，如果天堂没有好书，他便不再向往天堂。

此外，我们发现了几个以消除烹饪、提倡生吃为基础教义的现代异教。

我认识一个只吃坚果、葡萄干、洋李干，喝牛奶的人。他的饮食看似丰富健康。

几百年前，我们的祖先仍然茹毛饮血，崇拜火焰。

尽管有以上这些借口和遁词，但是事实上，悉尼·史密斯是正确的——为他人烹制食物的人必不可少。

① 英国评论家、散文家。

② 英国作家、人类学者。

让我们稍加定义吧：厨师是为我们烹制食物的人。但是在烹制之前，必须保证有充足的食物，因此在田地里栽种、培育食物的农民也是必不可少的。

烹制野兔汤的第一步是“抓野兔”，就像自诩幽默的人为染发剂公司撰写广告，并且解释的一样：“染发的必要条件是你有头发。”

（四）生命是上天赐的礼物

托尔斯泰说，曾经有一个牧师看见农民在犁地，于是走上前问道："如果你知道自己今晚将死去，你会怎样度过剩下的这一天？"农民想了想，回答道："我会犁地。"如果忠诚之人只剩下一天的生命，他也不会改变自己的工作，他每天都为生活做准备，准备好生活的人也就准备好了死去。

在家庭生活中，人们通常对其他女性比对自己的妻子更有礼貌，对他人的孩子比对自己的孩子更加体贴。在家中，男人或许是不折不扣的"暴君"，然而在外人眼中，他却是个不折不扣的"好人"。在家庭生活中，人们通常对家人关注太多，家人对他也关注太多；社会却对一个拥有古董铜管乐器的好人关注甚少——只要他管好自己的乐器，不扰人清静。

在团体中流通的不是行为的硬币，而是诚实的银币——诚实为上策。道歉和解释无济于事；虽然所有的错误都被直率、公正的人谅解。你无法欺骗一个团体，受愚弄的只有行骗之人。威廉·佩恩[①]曾经问一个习惯说大话的人："你为什么不对我撒谎呢？"这个习惯说谎者回答："这有什么用吗？"

雅典古老的艺术规范或标准源自最佳作品；因此在团体中，行为准则来自最佳成员。最高尚的成员制定标准，其他成员努力适应标准；如果低于标准，会有一个隐形的分数将他们彻底淘汰出团体。

① 英国海军舰队司令、海军上将。

*　　　*　　　*

有这样一个问题：“为什么行为准则低的地方不能建立社区，使好人、无所事事者、流浪汉有回家的感觉呢？”答案是：“只有坚持诚实和忠诚，才有可能建立组织。”软弱的群体从未建立过，也不可能建立起组织。即使建立了组织，也维持不了多久。软弱和堕落的人没有吸引力，没有团结的本能。软弱者相互挑剔批评——阻挠妨碍他人。他们就像溺水之人——抓紧对方不放，死命地掐住对方脖子，让他无法呼吸。建立一个社区需要高度的正直无偏和公正无私，你能获得的品质越多，社区存在的时间就越长。与软弱者合作不会带来力量。软弱加软弱等于零，两个软弱之人不会组成一个坚强的小组。力量加力量之和等于力量。软弱之人需要的是发号施令者，有缺点的人需要的是牧师。他们希望有人给予指点——为他们考虑。但是在文明的联合团体中，成员们全力以赴，集思广益，共同努力，他们获得了一定程度上的、别无他法获得的力量与卓越。

*　　　*　　　*

在东奥罗拉住着一位诚实的农夫，他在银行里有超过 10000 美元的存款。东奥罗拉的所有农夫都是诚实之辈，但并非所有人都在银行里有 10000 美元的存款。事实上，在整个纽约州，我认识的农夫中只有他的存款超过了 10000 美元。他 30 年前将钱存进银行，其中大部分是出卖原木和木材，低价卖掉大片田地的钱。

这位农夫和他的父亲拥有面积相当可观的松树林，他们砍伐木材，但保留了邻近村庄的一个美丽小湖泊沿岸的树林。这片松树林是该地区仅存的一小片原始松树林，如神奇造化一般。

炎炎夏日漫步在树林中，斜靠在柔软的针叶上，注视着头上树枝轻轻摆动，呼吸着松树的香味，聆听着微风轻柔的声音，无疑是一种神赐的幸福。你会为充满活力的自己感到欣喜，心中满溢感激之情。

有一天，一个人漫步在树林中，对这片树林的所有者，那个诚实的农夫说道：“这片树林很适合砍伐，我愿高额买下这片树林，勿失良机，做个决定吧。”

虽然农夫的存款达到了10000美元，已还清所有债务，还拥有600英亩土地，收入无虞，但是高额的条件对他而言仍是无法抵抗的诱惑，于是他卖掉了这片美丽的松树林，家族最后的一片松树林。

买家搬来了便携式锯机，开始砍伐树木。木材被锯成小块，成堆摆放，准备船运。

秋天到了，天干物燥。上天吹起了一阵阵风，风滚草随风飘落在木材上，不可思议地着火了，短短一夜之间所有木材化为灰烬——全被烧毁。如今锯木者无法支付钱给诚实的农夫，声称没有了卖木材的钱，他也无能为力。木材被付之一炬后，锯木者匆匆离开，农夫分文未得。

东奥罗拉一个留着络腮胡的穷苦伐木工人听说了木材被烧毁的事，他说道：“见鬼，我真是高兴极了！”我从未说过脏话，但是听到这个伐木工人的话，我只想附和一句：“我也是。”

今天这座村庄的村民们依然心有余悸，损失了金钱的诚实老农夫哭诉、抱怨着。他对松树林只字未提，然而这片美丽的松树林消失了——永远地消失了。

*　　*　　*

我们对他人的生活感兴趣，因为当我们思及他人时，常常想象我们与他有所关联，因此在某种程度上，他人的生活是我们自己生活的映射。有一些事会发生在每个人身上，所以我们认为发生在别人身上的事情或许也会出现在自己身上。因此，当我们看书时，总是下意识地融入他人的生活，将别人与我们的身份混为一谈。将自己置于对方的境地中是唯一理解、欣赏别人，并且丰富自己生活的方法。想象力赋予我们灵魂转移的能力，拥有想象力等于打开了广阔的宇宙之门，缺乏想象力意味着拥有狭隘的视野。

*　　*　　*

到处借小钱的习惯——巴望着发工资的日子——具有致命的危险，是友谊崩溃的祸首。借钱给一个职业的借钱人并非善行。

*　　*　　*

当我偶尔滔滔不绝时，在说出口之前大脑已经整理好了十几个词语。上周在匹兹堡的演讲中，我像平常一样引用一些话语，其中一句引语如此熟悉，以至脱口而出。这时我看着台下的听众，大家都戴着有低垂玫瑰花装饰的大帽子，看起来有一蒲式耳[①]的圆篮子那么大。这句引语并非出自我本意。我只是在半空中抓住它，将它说出口——它其实毫无用处。听众和我之间的联系被打破。听众似乎变成了睁大双眼、目不转睛的怪物，就这么盯着我，盯着身穿黑

① 美国惯用的体积或容量单位。

色衣服、孤独站在大讲台上的我。

房间似乎在上下晃动，接着开始旋转。

我寻找我的引语，却找错了。这时从房间后排传来一个洪亮的声音："两振[①]！"

整个房间陷入可怕的安静之中，就像你看见一英里外有人开枪，然后听见爆炸声。接着爆发了一阵雷鸣般的掌声，有听众笑了，我也跟着笑了。这位自封的裁判员救了我。我牢牢地抓住了这句引语，接下来的演讲非常顺利。这件事教给我一个道理：凡事都有例外。

*　　　*　　　*

伟人并非我们想象中那么伟大，愚笨的人也并非表面上那么反应迟钝。我的脑海中盘旋着一个疑问，伟人是否真的存在过。从一个角度远远地看去，光线照在他的某一侧面，于是我们说这个人光辉夺目。然而在其家人眼中，他或许有另一面。

我们认为他伟大，是因为我们不认识他。他在一些事情上做得很好，但是任何方向的特殊才能都是通过一定的代价而获得。如果你在某方面技艺精湛，便在其他方面有不足。如同一条链子，一个人真正的力量不会比他最脆弱的部分更强大。

*　　　*　　　*

在弗雷德里希·福勒贝尔[②]时代，教育是智力的培养与发展。福勒贝尔提

① 在棒球中有三振出局的规定。两振表示失败两次，只剩最后一次机会。

② 德国教育家，创办了第一所称为"幼儿园"的学前教育机构。

出，培养性格的教育才是唯一值得努力的方向。

如今斯坦利·霍尔不仅支持福勒贝尔的观点，并且宣称针对男孩和女孩教育的首要目标应该是使他们学会自食其力。

要自食其力必须具备服务人类的能力。

社会是一场巨大的交换，人们在其中交换劳动、想法以及商品。

在你能够服务他人之前，你必须具备服务自己的能力。

在你能够服务自己之前，你必须决定什么是应该做的，什么是你想做的。

福勒贝尔说过："'抉择的能力—思考—再决定'是教学的首要原则。"

他曾提醒母亲们："凡事别替孩子做主。你无法替他们生活；生活在于抉择——坚持好的，抛弃错误的。"

因此，如果真如福勒贝尔所说——在我看来他是正确的——生活在于抉择，那么应该鼓励女性勇于表达自己的喜好。

女性选举权意味着自由——摆脱自身限制的自由。这意味着女性需要更好的教育，理由有三点：

第一，为了自身的幸福与满足。

第二，使她成为更称职的母亲，从而影响民族教育。

第三，使她成为更好的伴侣，因为所有坚强的男性都受女性教育。

*　　　*　　　*

阿里巴巴是天才还是笨蛋，一直以来东奥罗拉人的看法大相径庭。有资料记载，在雅典，苏格拉底并没有完全坚持己见。除了构想与谈论哲学，阿里巴巴所做之事胜过苏格拉底。与苏格拉底一样，阿里巴巴能与你就某个话题进行交谈，对于你感兴趣的话题他都有自己的观点。不管你说起什么话题，他通常都与你意见相左，将"反对"挂在嘴边。

半个世纪之前，他就养成了“争辩”的习惯。我认为他是被迫养成的，是父母坚持不懈的努力和早年间长辈们劝他改变信仰而造成的。

*　　　　*　　　　*

去杂货店或邮局之前，如果阿里巴巴没有把马套在车上，他就会推着独轮车走。后来独轮车成为工业与文明的象征。阿里巴巴讨厌偷懒的家伙，他信奉工作：一直忙忙碌碌。如果想歇一歇——阿里巴巴也是凡人，必须不时停下来休息——独轮车也十分方便。

直接讨论这个话题太过尖锐，因此与27年来关系亲密的熟人相处时，我从未直接提出这个话题。此外，当你和朋友关系融洽和谐时，实在无须事事讨论——你们心思相通。

在独轮车的问题上，我必须承认阿里巴巴是自欺欺人，是个伪君子，这是他性格上的一处缺陷。我对他的喜爱如此之深，以至于我从未在大量逻辑著作中寻找研究独轮车心理的作品。

阿里巴巴迫切希望在上午到达哈姆林的粮仓，见见伙伴。他把铁铲或粗麻袋扔进独轮车里，推着车走在大街中央。故意扔下工作，逃避责任，去哈姆林的粮仓只为了告诉马车车夫一个浮现在脑海里的故事——不！阿里巴巴绝不会这么做。但是通过自发的催眠，他相信自己必须先和婴儿玩玩沙子，或者为植物施肥，在去哈姆林粮仓的路上，停留一分钟也无妨。

当阿里巴巴沿着马路推车时，他对碰见的每个人都客客气气的——男人、女人、孩子。看见蹒跚学步的小孩想要坐车，他轻轻地把孩子抱上车，继续往前走，讲讲笑话，巧妙应答。好几次我看见他从慈爱的母亲手中接过婴儿，抱着他坐在车上。其他村庄的妇女看见他经过，常常说道：“哦，多么幸运呀！阿里巴巴来了——他会给我们带礼物！”一会儿阿里巴巴被叫去帮忙搬一袋粗磨粉、一个大行李箱、一把摇椅以及其他东西，最大件的居然是一架钢琴。等他忙完后，人们会报以微笑和感激的话语，给他一块馅饼（他爱吃馅饼是公开的秘密），或者二角五分钱，这视具体情况而定。一路上阿里巴巴常常被叫去拍拍地毯上的灰尘、安装炉子、搬大箱子上楼。他是个热心肠，常常几句客套话，就让他觉得这些活儿变轻松了。“嘿！阿里巴巴，请帮我们搬一搬做饭的炉灶吧！”“我不行，”阿里巴巴停下来，坐在手推车里疲惫地说道，“我不太舒服！”

“怎么了？没胃口吗？”

“是的，我的肚子不舒服，不过我还是能帮把手。你妈妈怎么样了？”

“哦，她很好。”

“杰茹莎还照顾你吗？”

“是的。”

“杰茹莎对我好极了！”

自始至终，杰茹莎一直在楼上的窗户前看着，这时她尖声斥责老阿里巴巴。阿里巴巴吓了一跳，说自己老了，或镇上的美人不会衰老，等等。搬完炉子，阿里巴巴常常会突然跑出门，杰茹莎手拿还沾着肥皂的洗碗布或拿着扫帚追出来，家里的其他人则哈哈大笑。我只能猜测他究竟怎样得罪了他人——希望不会比偷吃馅饼，或偷吃杰茹莎的饼干更严重。

“再见了，杰茹莎，”阿里巴巴边推车边说道，“我是真的很想留下来，但是不能啊，你知道的——我是已婚男人！”这是他的最后一句话。

吹毛求疵的人或许会说，如果我们按日雇用这样擅离职守、与人闲聊的人，那对雇主不公平。这样的论点没有事实基础。事实上，阿里巴巴从未因到处逗留耽搁过紧急的工作。不管严冬还是酷暑，他总是早上五点半到，一直工作至晚上九点。他不知道周六日或法定节假日，如果马或牛生病了，他会熬夜看守照顾。晚上雷电交加时，他总会去罗依科罗斯特大楼，逐个检查房间，关紧窗户。他会四处察看，给孩子盖上被子，看看访客是否住得舒服，或把灯光调暗一些，一丝不苟地给车轮加润滑油。

如此周到的服务理应偶尔休息一个小时。如果阿里巴巴无事推着车经过杂货店，我不会反对他这么做。阿里巴巴或许不能上天堂，但是如果他上了天堂，我希望加百列[①]不要给他皇冠和竖琴，而是给他一顶好看的旧帽子和一辆独轮车。我肯定他的出现会带来快乐，能够帮助赶走遍及各个角落的单调乏味。

* * *

在世界伟大的工作者中——名列前茅的不到 6 人——胡尼佩罗 · 塞拉[②]榜上有名。他使加州布道会成为可能。在具有艺术天赋的人中，作为一名手工艺教导者，一位勤奋的领导者，他的技艺水平前无古人后无来者。在短短几年里，他使美丽之花开遍荒芜之地。他不仅使 3000 名印第安人皈依基督教，而且让他们工作——这样一个人的人品必定高尚，令人崇敬。他们不仅劳作，而且创造出不凡的艺术。从旧金山到圣地亚哥，每隔 40 英里，布道团便以宗教为基础创立一所手工学校。

胡尼佩罗与拯救古典艺术的圣 · 本笃、阿尔布雷特 · 得勒[③]，伟大的洛伦佐[④]、米开朗基罗、达 · 芬奇、弗雷德里希 · 福勒贝尔、约翰 · 罗斯金、威

① 西方《圣经》中的人物，七大天使之一，传送好消息给人类的使者。

② 方济会传教士。

③ 德国著名艺术家。

④ 意大利政治家，文艺复兴时期佛罗伦萨的实际统治者，也是外交家、政治家，还是学者、艺术家和诗人的赞助者。

廉·莫瑞斯齐名。他们都教导人们工作的原则、美丽与价值的神圣。

毫无疑问，胡尼佩罗是美国迄今为止最伟大的手工老师。没有工具、仪器、指导书，他利用别人的劳动，使建筑与艺术得到发展，同时也使印第安人变得有礼貌、勤奋刻苦、懂得节俭。

*　　　*　　　*

本杰明·富兰克林是美国孕育出的全面型人才。他是劳动者、印刷工人、商人、发明家、科学家、出版商、金融家、外交官、哲学家。富兰克林对从事的每项工作都倾注了爱与热情，他心中的勇气从未消失。他机智、风趣幽默，见微知著。

如果有人能够在生动的想象中看见被烛火照亮的未来，这个人就是本杰明·富兰克林。当美国的信誉岌岌可危时，他向法国借款。正是因为这笔资金，华盛顿取得了战争的胜利。如果有人给予我们自由，这个人就是本杰明·富兰克林。他将我们从迷信、恐惧、质疑、悲伤、贫困中解脱出来。他呼吁的永远是勤奋、节俭。他珍惜飞逝的时间，在他眼里，生命是一次珍贵的特权。

*　　　*　　　*

例如，我记得母亲以前常常在工作时唱歌。她不雇用仆人，因此减少了一个话题。她做饭、缝补、擦洗、整理花园，我记得她洗碗时会把一本书靠在调味瓶上——现在已经过时了——用叉子挡住页面，防止书本合拢。这样一来，她就可以一边工作一边看书。

她还会为我们织长袜、手套——冬天戴的暖和的羊毛手套。她总是在晚饭后织，其他人则在大声读书。

熨烫衣物时她会大声唱歌，一首动听的浸礼会赞美歌。我很喜欢她的声音，即使偶尔觉得有些刺耳。她能唱到高 C，四分之一英里之外也听得见。她用沾水的手指试熨斗的温度，边熨烫衣服边唱歌。三四岁时，我偶尔蹑手蹑脚地溜进房间，藏在桌下，然后一把抱住独唱者的腿。这时她会停止唱歌，随口骂几句，同时“狠狠地”踢一脚，显然这是冲我来的。

*　　　*　　　*

我对男孩有着极度的尊重。

奇怪的是，满身污泥、衣衫褴褛、头发蓬乱的街头男孩常常吸引我的目光。

男孩是男人的茧——你不知道他会变成什么模样——他的生命有着无数种可能性。他或许会成为国王，或者将国王废除，改变边界线，写书影响人们的性格，或发明将掀起商业革命的机器。

所有男人都曾经历过男孩的阶段：我相信没人会反驳我，事实正是如此。

难道你不愿意时光倒流，看看没有穿靴子的 12 岁的亚伯拉罕·林肯是什么模样吗？ 高挑、精瘦、肤色发黄、饥肠辘辘的男孩——渴望关爱，渴望知识，徒步 20 英里，穿越树林，只为借一本书，蹲在地上，在燃烧的木堆旁缓慢吃力地阅读！

还有一个科西嘉男孩[①]，是长相英俊的兄弟中的一个，10 岁时体重只有 50 磅；消瘦、脸色苍白，任性，爱发脾气，常常被罚，只好饿着肚子睡觉，或被锁在黑漆漆的壁橱里，因为他从不“听话”！ 他认为 26 岁的自己将百战百胜；当听说法国国库告急时，他说道：“财政吗？ 我会妥善管理国库！”

① 指拿破仑。

在我清晰生动的记忆中，还有一个瘦高、长着雀斑，出身农家的男孩，常常沿着布法罗铁路捡煤块。几个月前，我向最高法院提出申请，签发许可令的法官正是这位出身农家的男孩。昨天我骑马经过一片田地，看见一个犁地的男孩。这个小伙子的头发从帽子顶部钻了出来；他瘦骨嶙峋，动作有几分笨拙；穿着一条吊带固定的裤子；露在外面的双腿和手臂被太阳晒得黝黑，还有被荆棘刺伤的疤痕。我经过时，他拍打马儿让出道路，帽檐下一双乌黑、带着几分害羞的眼睛迅速一扫，羞怯地向我答礼。

他转过身去，我摘下帽子，向他说了句："上帝保佑你。"

谁知道呢？我或许会找那个男孩借钱，或听他布道，或祈求他为我做法庭辩护；或者身穿白大褂的他为我测量减弱的脉搏，然后捋起袖子，准备工作，同时手术灯照着我的脸，死神悄悄爬进我的血管。

对男孩耐心些——你面对的是一种精神。命运就在转角处等着你。

对男孩耐心些！

*　　*　　*

思想永远不会苦恼，不会忧虑，不会痛苦。心灵——欲望的集中地——诱惑大脑融入自己世俗的欲望中；但是在本质上，思想是一名独立的观察者，冷静且客观地观察着由人类心灵编织而成的、巨大的激情与错误交织的迷网。

思想拥有一面平静的明镜。万事万物都被映射其中，但是麦克白夫人[①]的形象不会比福斯塔夫[②]的形象得到更多关注。无意识的宇宙抗争奋斗，直至大

① 莎士比亚悲剧《麦克白》中的人物。

② 莎士比亚作品中的喜剧人物。

脑得到进化。黑暗中透出光明。通过大脑，自然从参与者变成观察者，从盲目的争斗变成惊叹的才智，从古老的痛苦变成永久欢笑的开始。

*　　　　*　　　　*

这是感谢的祈祷。

感谢今天上天赐予的光明，感谢流逝的所有时光。

感谢所有过世和活着的思想者、诗人、画家、雕刻家、歌者、出版家、发明家、商人。

感谢建造了世界上最美丽的城市，却遭受迫害和死刑的伯里克利和菲迪亚斯。

感谢了解如何使坏孩子工作得高尚的向导与教师亚里士多德。

感谢爱默生容忍母校的冒犯。

感谢詹姆斯·瓦特[①]，这个苏格兰孩子从母亲的茶壶中悟出了蒸汽机的原理。

感谢伏特[②]、伽尔瓦尼[③]，与瓦特一样，他们减轻了劳作，卸下了人类沉重的负担，他们的科学功绩长留青史。

感谢本杰明·富兰克林的欢乐精神、坚持不懈、耐心以及判断力。

感谢亚历山大·洪堡和兄弟威廉·洪堡[④]——这对伟大的兄弟明白人生即是机遇。

感谢莎士比亚离开家乡斯特拉特福，找到一份在剧院入口为观众照看马

① 英国工程师和发明家。

② 意大利物理学家，1800 年发明了伏打电堆。

③ 意大利解剖医学家及物理学家，发现了伽尔瓦尼电流。

④ 德国哲学家、外交家。

的差事——虽然他没有做很久。

感谢阿克莱特[①]、哈格里夫斯[②]、克伦普顿[③]运用聪明才智发明了纺纱机，使不知疲惫的机器代替双手编织经纬。

感谢托马斯·杰斐逊起草了《独立宣言》，建立了公立学校制度，提出男孩和女孩都应该上大学，应该快乐地学习与工作。

感谢布鲁克·斯宾诺莎[④]、园艺工、验光师、科学家、人类学家。

感谢查尔斯·达尔文、赫伯特·斯宾塞，感谢英国人将神学从迷信中解放出来。感谢爱尔兰人廷德尔[⑤]、美国人德雷珀[⑥]、德国人赫歇耳[⑦]、斯堪的纳维亚人比昂松[⑧]、苏格兰人亚当·史密斯[⑨]，感谢他们启迪了世界。

这些人以及与他们一样伟大，但不甚著名的人们使世界成为自由的国度。他们的坟墓上燃烧着自由的火炬。

还要感谢与赞美质朴、诚实、谦逊的百万民众，他们工作、奋斗、辛劳、身负重担，得到的回报却常常是不被感恩，甚至被鄙视、被误解，然而他们依然继续工作，不管他们成功还是失败，甚至始终得不到认可，劳作的成果被剥夺。对于这些被人遗忘的、长眠于坟墓中的人们，我心永存感激之情，历经数年、数世纪、数时代永不变。

---

① 英国发明家、工业家，曾获棉花纺纱机专利。

② 英国发明家，发明珍妮纺纱机。

③ 英国骡机发明人。

④ 荷兰唯物主义哲学家。

⑤ 爱尔兰裔英国物理学家。

⑥ 美国内科医生、业余天文学家，天体摄影先驱。

⑦ 德国天文学家，天王星的发现者。

⑧ 曾获诺贝尔文学奖。

⑨ 苏格兰政治经济学家、哲学家。

*　　　　*　　　　*

人需要工作！工作是最美好之事。我见过相貌平平、笨拙粗野的人一旦投入工作，便如同披上了华丽的外衣，一派高雅杰出之态。

我们在农场里看见一窝刚出生一周的小猪，它们正忙着饱餐一顿。

突然两只小猪离开食槽，打起架来。

“你说它们为什么打架呢？”特纳希问道。

“我猜其中一只说另一只是猪。”有人回答。

“但是，”特纳希说道，“就算它这么说，也没加什么形容词，这是事实呀。”

“这和事实没什么关系。事实常常令人恼怒不已，特别是与我们自己有关的时候。”

其实，这些小猪打架并没有什么缘由——这仅仅是人类争斗的象征。

争吵源于误解，友谊始于理解。

*　　　　*　　　　*

什么是商人？商人是获得商机，并且完成交易的人。

簿记员、记者、看门人、清洁工、速记员、电工、电梯员、收银员都是善良的人，是必不可少的，值得真诚的尊重，但是他们不是商人，因为他们是在消费财富而非创造财富。当H. 罗杰斯①将西弗吉尼亚煤矿与潮水联系在一起时，他证明了自己是个商人。当詹姆斯·J. 希尔②在西北部缔造了企业王国，他证明了自己无愧于商人这个头衔。商人是销售者。不管你的发明多么伟大，

① 商人。

② 美国铁路建筑家、金融家。

不管你的歌声多么悦耳，不管你的图画多么出众，不管你的机器多么完美，只有当你能够说服人们相信你提供的东西是他们所需要的物品时，你才是个商人，否则你就不是。

* * *

幸福取决于习惯，习惯主宰着我们的生活。

习惯使我们上床睡觉，早晨再将我们唤醒。习惯使我们坐在桌前，习惯使我们开始工作。工作的质量反映了我们做事的习惯。粗心、懒惰、冷漠、大意、鲁莽的习惯不会带来好结果；无法赢得好人的尊重、社会的信任，也不会得到自我良知的认同。对于这样的人，幸福远在千里之外。

要想拥有丰富多彩的生活需要具备三个必不可少的习惯，即健康的习惯、工作的习惯、学习的习惯。

赫伯特·斯宾塞说过：“首要条件是做一个好的动物。”不反对这句名言的我们认为：“首要条件是一个人应该自食其力。”过着寄生虫般生活的人不能被称为有学识、有教养的人。

节制、明智、健康、勇气、对人类做出贡献是教育的所有基本必要条件。降低人类效率倾向的教育系统压制并破坏了幸福，具有极大的邪恶性，令人反感不已。此外，任何非积极正能量的教育系统都是有害的。

只有具备了勤奋刻苦、明智节约习惯的人才能把握“幸福的习惯”。

* * *

盲目扩张注定失败，统筹规划意味着生意蒸蒸日上。

我曾经在一家乡村商店工作。有一次，一个10岁的男孩在后门偷了鸡蛋，然后将鸡蛋带到前门，再卖给我们。他一连干了好几年，犹豫着是否该找个同伙。成功也眷顾他！滞销的商品、混乱的账目、小偷小摸的店员是每一间乡村商店的祸根。

如果经营规模小，业主和妻子记得所有的库存，现金交易，不接受信用卡，那么这样的生意是安全的，直至他们的儿子长大成人，接手管理。1000只老鼠一点点地啃咬着每一家公司。

为了避免漏洞，必须出台一套系统的方法以找出漏洞所在。百货商店制定一套系统的方法，每天、每周或者每月汇报各部门的盈利，这样的商业模式是最安全的。如果哪一个部门没有盈利，对其整改，如不见效，则将其取消。

*　　　*　　　*

必须将大企业划分成若干部门，否则不可能盈利。无盈利部门必须被取消，否则将拖垮整个企业，最后导致破产。老式百货店里商品凌乱，账目不清。成功的乡村商店是小偷和赌徒的天堂。自作聪明的村民当上了店员，向朋友们提供所需物品，就像邮局人员读过明信片后大肆宣扬。

今天，商业成功源于你的系统化能力。

*　　　*　　　*

长期维持生意比破坏生意更困难。商业规模大小仅仅受经营之人的限制。限制对商业说道：“就到此为止，不能再进一步了。”事实上，设限的是我们自己。没有一定规模的运作体系，即使最固若金汤的商业组织也会土崩瓦解。

古尔德[①]体系、范德比尔特[②]体系、希尔体系、哈里曼[③]体系、宾夕法尼亚体系——它们被恰如其分地命名。体系使大企业成为可能。杰·古尔德争取到锈迹斑斑的铁路和通行权后，将其组织整合为一套铁路系统，出众的商业头脑可见一斑。成功在于你的组织统筹能力，如果你制定的体系不见成效，毁灭是唯一的结局。成功的百货店的平均寿命是 20 年——然后它将面临破产。破产的原因在于缺乏体系——这样的商人无法推动企业的发展。散沙一般的无组织军队等于一群暴徒。拿破仑的能力体现在其杰出的系统化与组织能力。他以一敌三，击败澳大利亚人，秘诀就在于他的组织能力。“但财政呢？”部长问道。“我会管理好的。”这便是他的回答。每个企业的每个部门如同镜子，能反射出领导者的性格。某一类型的店主能够应付一定数量的“客人”——什么样的店主吸引什么样的客人。如果吃饭和住宿的人数增加，通常经营者会立刻陷入困境，束手无策。额外的 50 人打乱了他的系统，要么客人离开，要么旅店停顿。这时必须出现一个新来的、能力更强的经理，否则破产审定人会手拿大棒等候在街角。

* * *

商业成功在于一个人的组织能力。文学成功在于一个人的组织构想能力，将 26 个字母的使用系统化，用最少的文字表达出最丰富的含义。作者无须比读者更博学，但他必须组织事实，将事件整队排列。

在绘画方面，成功取决于色彩的组织能力，将其按照恰当的比例排列，将构思变成画布上的图画。

---

① 美国金融家、投机者。

② 美国运输促进者、投资者，从铁路运输和航运中积累了大量资金。

③ 美国铁路大王，他与 J. P. 摩根和詹姆士·希尔一起成立了北部证券公司。

演讲需要单词、短语、句子的有序交替，形成论据，被普通人所理解。

音乐在于对自然各种声音的选择与系统化。

科学是对大众常识的整理组织。

生命中的万事万物大量聚集——各种原料混杂无序——人们的衡量标准在于选择、剔除、组织的能力。

* * *

心怀远大抱负的年轻女性应该格外机敏、谨慎，以免落入温柔醉人的幸福婚姻的陷阱中，将雄心壮志统统遗忘，对外面的世界不闻不问。

* * *

艾奥瓦州的一座小镇上有一名囚犯。这名囚犯什么也不缺，他心中有一个强烈的念头：如果再有一次机会，他将展示自己的能力。很多囚犯也有类似的想法。虽然出狱后所有人都对他避之不及，但是最终他在一家工厂谋到了一份工作。他和男孩们一起工作，一周挣 4 美元。囚犯没有资格挑剔工作，他们只能有什么活就干什么活。

能够胜任工作之人，工作自会找上门；掌握方法的人，力量自会出现。

男孩们总是询问囚犯货物在哪里。他们完成一项工作后，会问囚犯接下来该做什么；了解工序的囚犯会给他们建议。如今的社会虽然不乏傲慢专横的老板，但有的老板还是能够明辨是非的。囚犯所在工厂的老板就有一点明辨是非的能力。囚犯对货物位置掌握得一清二楚，了解工序，晚上将一天的工作收拾完毕，第二天早上继续工作，在家做好计划安排，整理工作用具，而非将它们一脚踢到一边。看在眼里的老板因此鼓励了囚犯，并给他加薪。

囚犯成长为一名得力助手，他比老板更了解商业细节，我相信最终他会娶老板的女儿，继承财产，成为这家工厂的唯一拥有者。但我不敢肯定，因此我不会将其记录，但是的确发生了一件小事。一天，老板看见两个女工拎着一篮子铁线莲[①]。两个女孩把美丽的花环挂在房间的柱子上。“谁让你们这么做的？”老板好奇地问道。

“哎呀，是某某人。”女孩提到了囚犯的名字。

“你让这些女孩在工作时间离开岗位？”老板立刻质问囚犯。

“是的，”囚犯回答，“您瞧，我发现这些女孩脸色异常苍白，身体虚弱，有些神经紧张，显得非常疲惫——她们说在家的日子不好过——于是我想让她们到外面晒晒太阳，可以提振精神。”

“哦，你认为她们脸色煞白，是吗？”

“是的，您猜对了。”

“这是你编造的借口吧？好让她们穿过田野，走两英里的路。”

“是的。”

“你自己是否也曾经脸色煞白呢？”

“是的。”

“是否经常照照放在口袋里的镜子，觉得自己像个鬼魂？”

“或许吧。”

“从未透过栅栏看蓝天，或者快速走过石头铺成的庭院小路？”

“是的。”

“很好，听着，别站在这儿妨碍我工作——我希望能再找更多的囚犯帮我

① 攀缘植物，开白色、紫色或粉红色花，常做装饰用。

打点事务。列一张脸色苍白、神经紧张、胆怯害怕的女孩名单，只要是大晴天，就让她们轮流去户外采铁线莲——别站在这儿妨碍我工作——难道你不认为我有自己要做的事情吗？”

“遵命！”

*　　　　*　　　　*

安德鲁·兰在写作时才思泉涌。他的作品是真正的文艺作品——如果真正的文艺作品存在的话，我们相信他的作品便是。因为某些作品，他一直饱受谴责，被称为浅薄涉猎，是“肤浅的全知者”。

然而在另一些人眼中，安德鲁·兰是“复合型人才”的代表，被赞多才多艺。

安德鲁·兰精通多种文学类型。作为一个多面手，或许没有哪位近代作家能与他相提并论。他在诗歌方面才情俱佳，是一流的评论家和批评家，同时也是优秀的散文家、出色的译者、充满热情的古典学者。

以自成一派的沃尔特·佩特①、埃德加·萨尔特斯②为例，在这个意义上，他本质上不算是自成流派者，但是他所有作品中显露出的轻松流畅的文风，使作品具有极强的可读性与娱乐性。他具有点石成金的能力，能将笔下的任何文字变成纯度最高的黄金。

虽然多产，但他的作品总是给人源源不断的新鲜感和新素材，永远不会沾染一丝陈旧的气息。

① 英国作家，因评论著作而被后世怀念。

② 美国作家。

*　　　*　　　*

通常，能够将所有事情完成得同样出色的人都是极为平庸之人。

站在尚待探索的世界前，如灯塔般为人们指明方向的是那些犯了严重错误、表现有高有低的人。

他们不会纠结于错误和不完美，而是将其抛在脑后。

随着时间的推移，亨利·戴维·梭罗在普通人心中的位置越加牢固，他的一生再次向我们证明了这个看似自相矛盾的事实：只有失败者才能真正赢得成功。

不管作为作家还是教师，梭罗身份低微、一贫如洗、不被大众认可。此外，他还被爱人拒绝，商场失意。命运多舛的他英年早逝，因饱受痛苦而被人们永久铭记。

尤其是早逝的遗憾将他的一切神圣化，使他一生的记录变得完整，但是正处于生命巅峰的自然主义者的去世——长期在户外生活的人死于肺结核——使我们不由得抱怨冷酷无情的命运，心中充满无限的同情与爱意。大自然永远关心各种生物，个体被无情地牺牲才能换来整个种族的生存与进步。大自然对待个体无言的冷漠——对人类貌似轻蔑——似乎证明了个体只是一种现象。

人类只是一种表现形式、一种迹象、一种象征，其迅速离世证明他并不重要。

大自然不在乎他——大自然创造了上百万人，只为获得一个有思想的人——所有人都被扫进遗忘的畚箕中，除了有思想的人；他独自生活，被后世永久铭记。

康科德斯利培山谷公墓有一座墓碑，标记着长眠于此的六位梭罗家族的人。所有的铭文都是同样大小，但有一个梭罗的名字却活在人们心中，因为他有思想，并表达出自己的思想。

最为人们坚持的错误之一是卢梭的宣言，其中一部分由托马斯·杰斐逊阐释——人人生而平等自由。自由不是与生俱来的，也没有两个人是平等的，即使朱庇特[①]任性地使人们平等，也维持不了一个小时。

假如一个如梭罗般的人进入极乐世界，他将被紧紧包围，他独有的理性思考的头脑令其创造者倍感荣耀。我要说：人类仅仅是表达思想的工具或手段——只有思想才是永恒的。

* * *

节俭是一种习惯。习惯是在无意识下、不假思索或自动自发做的事。我们都受控于习惯。习惯刚刚萌芽时，犹如温驯、有趣、爱嬉闹的小动物。它们日渐长大，最终成为你的统治者。

选择习惯，你将必须受到它的控制。节俭的习惯命令你应该挣钱比消费多。换句话说，节俭的习惯规定你应该将开销控制在收入范围内，做决定吧。

如果你是节俭之人，那么你是幸福的。当挣的比花的多，收入大于支出时，你的生活是成功的，充满了勇气、活力、抱负、善意。在你的眼中世界也是美丽的，当你自己感觉健康快乐时，整个世界也无限美好。

节俭的习惯证明了你对精神自我的控制力，能够照顾自己，并且运用多余的力量换来积蓄。因此，你不仅能够自力更生，还能照料他人——妻子、孩子、父母，向老弱病残和不幸者伸出援手。

① 统治诸神主宰一切的主神，古罗马的保护神。

这就是生活。

无法自食其力的人是不完整的。勉强糊口度日的人比原始人或野蛮人强不了多少。

热爱劳动与节俭密不可分。命运说道：“不工作，便挨饿。”如果你没有积蓄，你便沦为机会的玩物，境遇的傀儡，反复无常之人的奴隶，暴风雨中的一片孤叶。

手握积蓄的你拥有制定条件的权力，但是积蓄赋予你最多的还是内心的意识——你是富足的。

因此，尽早养成节俭的习惯吧。不管年纪多大，不管你已经活了多少个年头，从今天开始学习节俭，学习储蓄，哪怕只是收入的很小一部分。

（五）有爱与信念才能成就伟大

罗马因恺撒大帝足智多谋的头脑而崛起，并且建立了不朽的第十军团。晚上军团扎营时，新士兵会替代战死的士兵。因此，尽管个人牺牲，但军团永远存在。罗马人是建筑者和工程师。恺撒派100个人挖通沟渠，他明白这些工人穷尽一生也完不成任务，于是下令无论何时有人死去，剩下的人应该挑选他的下一代接替其工作。因此，虽然最初的100人都死去了，但整个团队依然存在。

*　　　　*　　　　*

200年前发展于英国的现代合资公司便吸取了罗马人的经验。100人建立了一家英国贸易团体，每人持一股，享有专卖股份的权利。持股人去世后，股份由长子继承。然后将公司租给大公司，如东印度公司，于是这家合资公司得到了妥善的组织管理。

随着蒸汽用途的发现，蒸汽机推动了汽车和机器的转动，机械化工厂替代了家庭手工作坊。在火炉旁一刀一刀地削木头，妻子转动手动织布机纺布的场景淹没在工厂大批量生产的机器轰鸣声中。

起初合资公司所有的股份为工人所有，但是人们逐渐发现投资工厂的利润颇高。我们发现拥有特许经营权的公司均以合资为基础。企业间开始信托合作。

*　　　　*　　　　*

训练和缓、温柔、贴心的声音是好的，确保获得和缓、温柔、贴心的声音的一种方式是变得和缓、温柔、贴心。声音是灵魂的标志。孩子对文字不甚在意——他们习惯听声辨义。所以你的声音能打消顾虑，使人放心。“我的绵羊能听出我的声音。”我们更多地通过声音，而非语言判断彼此，因为声音影响着言谈，如果你的声音不能使你的语言坚定有力，怀疑随之而来。成败在于声音。你的狗不会服从你的话语——然而，它却在你的声音中读出了你的意图。养成如此声音的最佳方法是顺其自然。就在不知不觉中，行为才会变得杰出；人们在不经意间便会发出令人信服、着迷的声音。集中注意力在思考上，声音自会随之而来。如果你担心他人听不懂，便会疏于思考——它从你身上偷偷溜走。这时你的声音变得尖锐或低沉，犹如咆哮的狂风，焦虑与意图一览无余。如果你担心他人听不懂，他人或许真如你担心的一样。如果声音自然、轻松、温柔，内心的想法与情绪将被接受。因此，我的建议是：训练声音的方法是不去训练它。

声音是灵魂的共鸣板。如果你的灵魂充满了真理，你的声音将满溢爱意与怜悯，使听者满怀希望与鼓舞，你们将心灵相通。透过他们的声音，你将了解他们。

谁才是伟大之人？听着，我将告诉你：浇灌他人心田的人是伟大的，启发他人思考的人是伟大的，一语点醒梦中人的人是伟大的，激怒、蔑视你，使你摆脱惯用方法、摒弃呆板思想、爬出陈规陋习的泥潭的人是伟大的。

令你又爱又恨的作家是伟大的，令你永记在心的作家是伟大的。是的，在一生中，他或许骄傲、易怒、无礼、粗野、不完美、荒唐、无知、堕落——但他仍是伟大的。他那看似矛盾、不同的天性提高了他的能力，如同山川与河谷，岩石和树林构成了如画的风景。

作家、诗人、画家、哲学家、科学家向伟大之人寻求帮助，以装满自己的小小锡杯、长柄勺、葫芦杯、花瓶、酒杯、水罐、陶瓶、木桶。如果这些人受他大量恩惠，他们或许会憎恨他、反驳他、轻视他、排斥他、侮辱他，然而如果他对他们稍加指点，令他们自己迸发灵感，使他们受益，他便是伟大之人。

他的过失拉近了与我们的距离，他的严重错误令他成为我们中的一员。

*　　　*　　　*

如果加百列天使来到我面前，悄悄告诉我某人或某个天使诋毁真理，对无辜者设计圈套、小偷小摸、鬼鬼祟祟、盗掘坟墓，我会说："加百列，你患上了早期多疑症——你说的话我丝毫不信。你提及的人或许不是圣人，但他可能与你我一样善良。事实上，我想他一定和你很像，因为我们都对与自己没有直接关系的人或事毫无兴趣。加百列，你难道忘了吗？主教曾经说过，给他人取绰号的人，该绰号对于自己肯定恰如其分。"

*　　　*　　　*

当我们想起那嘶哑粗嘎的哭喊声："把他带走——把他带走！"当我们回想起一些最优秀、最高尚之人却遭到所谓好人的辱骂与中伤，被起诉，被押上断头台，我们如何对他人口中的诽谤之言随声附和？沃尔特·惠特曼饱受各种谩骂，辱骂的语言几乎到了词穷的地步；理查德·瓦格纳[①]、维克多·雨果、

① 德国作曲家。

托尔斯泰、威廉·莫瑞斯也受尽毁谤。得知这些之后，难道我们还要效仿愚行，将现实中的荒唐视为参考和前进的方向吗？

*　　　*　　　*

当你开始对某人起疑，秘密查探他时，你将受到怀疑成真的惩罚。

人类是一种迁移的动物。我们在不断运动、旅行、移民中，在快乐与忧伤中学习。流水不腐。奥利弗·洛奇[①]爵士说过，静止的行星将分裂成大气，消失殆尽，应该让年轻人一试羽翼。“去某处”的渴望正确且自然。别压抑渴望。此外，不要一味地依赖陪护。依赖陪护是一种坏习惯，长期的陪护使你无法独立。

*　　　*　　　*

与在寄宿学校待一年，受到无微不至的照料的学生相比，被允许离家百英里之外，或旅游或办事的十五六岁少年能够从旅行中受益更多。我们在抉择中成长。

如果你依靠旅伴查找线路、密切注意火车班次，买好车票，那么你丢失了旅行的大部分益处。

*　　　*　　　*

大学带给学生真正的益处很少来自课程，而是来自环境的变化。需要面对和适应新同学、新老师、新地点、新环境——这才能真正使人成长。

---

① 英国物理学家，以在无线电接收机方面的创新研究而闻名。

走进餐厅、点菜这些简单的行为也是生活的一门课程，很多有教养的女孩虽长大成人却从未有过学习的机会。

*　　*　　*

因此我呼吁：放孩子自由；让他们通过选择，通过教育，通过旅行，放开保护人的手，成长为自力更生的人，这才是上策。

以成就而言，亚历山大·洪堡和威廉·洪堡是历史上最伟大的一对兄弟之一。他们上过 6 所大学，但在每所大学的时间都不超过 1 年。因此他们养成了独立思考的习惯，这一习惯在只上过一所大学的人身上很少见。

在洪堡兄弟眼中，大学绝非终点。他们没有毕业这一事实反而成为一种优势，他们从未“完成”。他们从不依靠学位，因为他们没有学位。他们收获了大学的所有益处。特殊学生计划未被普及，其原因在于普通学生完成课程后毕业，成为社会体系中的一员，获得他人尊重，然而特殊学生却无法获得。

将婴儿扔进困境中，让他自己获取教育，而非将一切呈现在他面前，这是树人成才必不可少的一步。

*　　*　　*

生活在伟大的奥古斯都[①]时代的所有罗马作家中，普鲁塔克是博览群书的第一人。普鲁塔克曾经务农、教书，也担任过阿波罗神庙的祭司。我在调查研究中发现，阿波罗神庙祭司的职位相当于美国治安法官。

① 古罗马帝国的开国皇帝。

务农与教书使普鲁塔克生活富足，并在马耳他岛拥有大片土地。保罗在去罗马的途中遭遇海难时，就住在马耳他岛上。

普鲁塔克从未提过保罗，保罗也从未说起普鲁塔克。他们没能相遇实在是一大遗憾！

普鲁塔克记录了23个罗马人的生活，并将他们逐一与希腊名人作对比，因为尽管普鲁塔克生活在罗马，但他出生在希腊，他的心灵忠于自我。

为清楚表现主题，普鲁塔克列举了大量琐事。几乎没有哪位真正的文学者会写出这样的琐事。普鲁塔克收集的一些神话、童话、令人开心的玩笑、传闻是来自自己的想象还是平民百姓，这个问题没有讨论的价值。事实上，我们所知道的希腊与罗马伟人的全部故事都来自普鲁塔克的文字。

普鲁塔克笔下的人还活着，与我们一起走过木板路，其他人则全没了生命。

很多细节琐事，如恺撒一只耳朵是聋的；伯里克利的头长得像洋葱；阿斯帕齐娅与小居鲁士[①]私交甚密，并且从他身上学到了治国之道——这些事情都来自深受我们喜欢的普鲁塔克的笔下。这些原本不应为人所知的事情却是我们想听到的。

普鲁塔克谨慎地告诉了我们。莎士比亚显然了解普鲁塔克的内心，他从普鲁塔克的文字中受到最大的启发和鼓励。在易受影响的年轻时代，他沉迷于普鲁塔克的文字中，甚至他作品中的很多情节都来自普鲁塔克。

普鲁塔克的文字已成为通行的语言。他的作品是文学领域的法定标准。所有创作者都从普鲁塔克身上汲取了无穷智慧、才华和高雅的人生哲学。

空洞无物的文学作品逐渐消失，被人们淡忘。记载人物与事件、涉及实际生活的作品却焕发生命力，代代相传。

---

① 波斯王子。

传记扩展视野，使我们体验了1000种不同的生活；当我们读到伟人的生活时，我们会在不知不觉中将自己当作对方，一遍又一遍地体验他的生活。

通过阅读传记，我们毫无风险地受益良多，安全无虞地获得了丰富的阅历。

* * *

在过去，大多数施加在人们身上的可怕的酷刑与暴行只不过源于意见分歧，源于性情不同。2000年前的疑问延续至今：何种表达才是最佳的表达？我们如何才能被拯救？现实中的荒谬在于规定我们必须做同样的事情。

* * *

然而当我从西岸火车上下来时，我独自一人离开，车站里只有他一个人。他没有透过窗户眺望，只是斜靠着大楼的墙，没有人从月台上过来看看他，列车员也没有大叫："这是约翰·伯勒斯的家乡！"售票员、司闸员、行李员、邮递员，谁也没有朝这位老农夫所站的地方扫一眼，他若有所思地嚼着一根稻草。然而司炉工认出了伯勒斯，于是他扔掉铁铲，从驾驶室里探出身体，向伯勒斯挥手致意，伯勒斯则像老朋友似的向他打招呼。我认识的人中，只有他随时一派从容之色。我们相见了，就像昨天才分别一样。

* * *

男孩是约翰·伯勒斯笔下的主角，他用轻快的文字讲述了他们如何生活在自己的世界里，如何对成人的世界充满好奇。其实他本身就是一个大男孩：

他的心像海绵，如饥似渴地汲取各种知识。他充满希望，期待新鲜美好事物的出现。在他眼里，每一天都是崭新的一天，他清晨出门，抬头看云，眺望远处的山脉；一边散步一边寻找着新奇的发现，或以新面貌出现的旧事物。这种期待的习惯是坚强之人的特点。这是吸引力发挥作用的一种形式——我们渴望，因此我们获得；我们找到了自己的期待，我们获得了自己所需求的。所有生命都是一次祈祷——坚强的性格祈祷最多——每一个真诚、发自肺腑的祈祷都得到了回应。约翰·伯勒斯一生都在祈祷美的出现。他找寻善与美，善与美便出现在了他的身上。

马！马！我愿用王位换一匹马！

——《理查三世》[①]

我骑马是为了能够工作。我希望发挥神赐的精力，我想为世界创造财富和幸福，使满腹牢骚的人转怒为笑。

自力更生、为世界做贡献是我的理想。

“我们是强大的，”爱默生说过，“只要我们与大自然结盟。”我发现，当我与一匹骏马结成伙伴时，就会勇气倍增。我变得更加理智、冷静、快乐，能够更好地解决困难、扫清障碍。

马能够帮助你忘记烦恼。

马自身不会出现问题，它不会对你倾吐悲伤的故事。

过去的 40 年里，我几乎天天骑马。

如今我更加享受骑在马背上的感觉。

① 莎士比亚的悲剧作品。

*　　　　*　　　　*

我这辈子除了无饭可吃外，我从未错过一顿饭。

我为自己创造财富——也为他人。同样，我也曾失去财富，不过感谢上苍，我总能获得所需的金钱，虽然与我所想的有差距。在这个国家，满怀力量与勇气的人永远不会失业。我总有充足的工作可做。

*　　　　*　　　　*

上天一直善待我。我想我与这广阔天地中的所有人一样拥有同样的快乐与欢笑。

"我知道乐趣为何物，因为我工作出色。"受人尊敬的罗伯特·路易斯·史蒂文森[①]如是说。我能出色完成工作的主要原因之一在于我总是至少与一匹骏马保持着亲密友好的关系。

阿尔弗雷德·拉塞尔·华莱士说过，动物被驯养后，文明得以发展；人类驯养马匹、公牛、骆驼、大象，文明蓬勃繁荣，人类不断进步；无法驯养除温顺的狗之外的其他动物的国家却止步不前。

在火药发明之前，马背上的人几乎不可战胜；火药的最初用途是惊吓马匹。在爆炸时投掷石块或铁球是后来的想法。

*　　　　*　　　　*

迄今为止，世界上最伟大的两个人都是骑在马背上的人。亚里士多德是

① 苏格兰小说家、诗人、随笔作家。

世界上第一位教师、第一位科学家。他在户外教学，所有的学生都要学习骑马。亚里士多德是亚历山大大帝的导师。他教导亚历山大驯服野马布赛佛勒斯①。亚里士多德坐在畜栏上，看着自己的学生成功征服野马。

亚里士多德曾以马为题写过一本上千页的书。用他的话说，这本书写尽了关于马的一切。

另外一个以马为题的人是列奥纳多·达·芬奇。列奥纳多是有史以来成就高、优雅得体、亲切友善、能力出色、多才多艺的人。他也是一位骑马人。马是他写作的一大主题。亚里士多德写下了第一本书，两千年后的列奥纳多则是第二人。自他之后，无人能够挑战详尽描写马匹这一棘手的任务。

列奥纳多将生活中源源不断的快乐大部分归功于自己与马匹亲密的关系。从孩童时期到 84 岁因意外死亡，他一直都是一位骑马人。弥留之际的他表示，如果天堂没有马匹，他不在乎去不去天堂。

*　　　*　　　*

一天，一个纽约来的人问阿里巴巴："哈伯德先生今年做了很多次演讲吗？"年迈的阿里巴巴回答："他如何能停止演讲？你不知道他的马生了一匹小马吗？"

事实的确如此。我最好的坐骑加内特生了一匹最优秀的小马米里亚姆，一开始它们亲密无间。

加内特是莱昂纳多口中的纯种坐骑，它懂得如何与骑马人心灵相通。它能够预测你的目的地、你希望的速度。你只需通过身体的动作，通过"默想"就能指引它的方向。

---

① 亚历山大的战马。

与马心有灵犀的人很快就能与良种马进行完美沟通。

加内特今年 18 岁了。15 年来我几乎天天与它为伴。无论白天黑夜、春夏秋冬、狂风呼啸、暴雨倾盆、白雪雰雰，还是阳光灿烂。加内特与我都喜欢暴风雨的天气。

感觉自己比这些自然力量更强大实在是乐事一件。合适的马匹能够帮助你沉醉于这样的信念中：你正与所见、所闻、所感融为一体。

当你骑马驰骋天地间时，烦恼被抛在脑后，悲伤随风而逝。

*　　*　　*

这样的想法透出几丝伤感：恋人努力使自己成为对方的必需，母亲却努力尽量避免自己成为孩子的必需。

*　　*　　*

我们都是迷途的孩子。孤身一人时，我们渴望童年曾经体验的亲密的情谊，祈求回归曾经哄我们入眠的温柔臂弯。在追逐财富、地位、权势的疯狂且悲哀的热潮中，我们无比想家。宁静的乡村吸引着我们，我们乐于放弃一些需求，回归简朴的生活，让身心得到放松。

*　　*　　*

所有艺术的目的在于使你与他人在情感上得以沟通交流。你心中涌起某种想法，于是你努力将其表达出来，通过音符、刻刀、画笔或文字。最终所有的艺术都归于一体。当你埋头工作时，坐在对面的人对你说道：“是的，是的，我懂了！”我写的是一位女性。她有时坐着看我，身体前倾，以手托腮。

当我奋笔疾书时，她偶尔纵声大笑，偶尔带着一些悲伤。她对我非常了解，常常能猜到我要说什么，因此省去了我写信的麻烦。她能猜中我的每一种情绪。这个女人经历过、了解过，也感受过，因此她懂得。她的心灵在丰富的经验中得到净化。她比我知道得更多，她了解方方面面的我，假如我试图说一个善意的谎言，或稍有违心之举，甚至哪怕这个念头只在脑海中一闪而过，她也会投来疑惑的眼神，足以刺痛我整整一周。我和她无话不谈——她只在乎我是否诚实、坦率。

当她在我充满渴求的眼神中读到快乐时，我总能感觉到，因为此时她会慢慢地环抱手臂。

* * *

我们在行为中改变，当你给予他人一份合意的工作，交给他责任，让他完成工作时，他将第一次与良好的行为联系起来，美德因此得以提升。

* * *

当来到湖岸，你便置身于灿烂阳光之中，空气中弥漫着松树的味道，深吸一口气，心灵的创伤也被抚平，南风温柔地亲吻着脸颊，鸟儿唱着动听的欢迎曲，知更鸟、黑鸟、画眉在你面前盘旋飞舞。

眼前如画的场景令你心情愉悦，抛开平日的忧愁与烦恼——这是多么欣喜的改变。地心里冒着气泡的泉水从大自然的实验室中欢快地流出。

难怪印第安人常常说这里是大神的居住地。

他们在此生活了成百上千年，直至白人发现了这里，直至修建了公共浴室，直至楼房拔地而起。

沐浴在温暖的湖水里，不适与疾病被一扫而光。精神焕发、活力重现、病痛全无的人们对大神充满感激之情。后来白人踏上了这片土地，看着印第安人的所得，他们开始滥用这治愈之水。

*　　　　*　　　　*

亚当·斯密有一句名言：所有的财富都来自土地里的劳作。此话不假；但是土地里的劳作并非创造财富的必需，创造财富同样需要其他因素——才智的因素，包括目标、系统、秩序、意志。

劳动成果的多少取决于监管力度的强弱。

对于栽培水果和鲜花，爱与劳动同样必不可少。酒鬼不可能培育出怒放的鲜花，也不可能收获成熟的果实。你不能将威士忌作为肥料，也不可能向地里浇灌烈酒与女人的眼泪。

*　　　　*　　　　*

在东奥罗拉五英里之外有一个叫作南威尔士的村庄。村庄的中心是一座校舍，每周日上午会在这里举行长老会仪式，下午是卫理公会派仪式。南威尔士有两家商店、一家铁匠铺以及一个抽水机，可以让马喝水。经过四个街角，在左边第一个转弯处便能看见山坡上的抽水机。右边第二座房屋里住着一个好心的腓力斯丁人[①]。因为他能够体谅别人的难处、明辨是非、正直诚实、小有智

① 居住在地中海东南沿岸的古代居民，被称为“海上民族”。

慧，所以全村人都喜欢他。

他虽然也是 1849 年淘金移民中的一员，却从未淘到黄金。他的座右铭曾经是“去派克峰淘金”。他到过派克峰，最后却两手空空地返回东奥罗拉。

好在有人借给他一笔钱，让他买一头牲畜，几件工具。他用这笔钱买了一个农场，到处都是圆石，可是圆石没有市场。当庄稼丰收时，卖价却很低，当价格升高时，他却无物可卖。

然而他和妻子依然能够勉强度日，并且送儿子与女儿去东奥罗拉上学——儿子冬天上学，女儿上的是春秋班。日子就这样一天天过去了。

*　　　*　　　*

一天，执事[①] 撤销了他的抵押，腓力斯丁人只好和家人搬到了南威尔士，住在右边的第二座房子里。他开始饲养蜜蜂，妻子做起了生意，过上了优渥的生活——他们的年收入达到了 380 美元！

*　　　*　　　*

乔奎恩·米勒[②] 逝世了。他的尸体被放在他自己生前准备好的火葬柴堆上。虽然骨灰被撒向四面八方，但是他的善良留了下来。我对他怀有一种深厚的感情。25 年来，我时常给他写信，将能想起的事情统统写在信里——无关紧要的小事，关于孩子、小狗、熊、猫的故事，想象的、真实的事情，他以同样的方式一一回信。

① 教堂中仅次于牧师级别的神职人员。

② 美国诗人，其作品以他在西部的历险为主要题材。

他给我寄了很多礼物：书、马勒[1]、马刺[2]，凡是收到不合意或无暇照看的礼物，他都寄给我。我喜欢和他交往，或许是因为他无须我照顾。

当他来到东奥罗拉时，所有人都放假了，在那一天里，我们尽情欢笑、玩耍、郊游，然后燃起篝火，讲鬼故事直到深夜。无论何时我去旧金山——这20年来，大约每年去一次——我都会去“高地”朝圣。

通常我会等待欣赏夕阳西沉，渐渐变成一个金色的圆球从金门大桥落下。大约30年前，乔奎恩·米勒在山顶上买下几百英亩的土地。站在山顶眺望奥克兰、旧金山、海湾，以及远处的金门大桥和蓝色太平洋，景色尽收眼底。他将此地取名为“高地”。

这里到处都是滚落的岩石，绿树成荫，藤蔓丛生，野花遍地，长满了高大的红杉。假如把这里当成农用土地，所有者肯定会破产。不过乔奎恩·米勒买下它是为了这如画的风景，其他人却对这里连连摆手。要到达山顶，必须先坐有轨电车到山下的收费站，然后沿一条崎岖盘旋的山路走大约4英里。随着现代社会的发展，如今这片土地已经具有实际的价值，出售的话，肯定能还清这位诗人的债务，并且给后人留下一笔数额可观的财富。

50岁的米勒厌倦了这个世界。或许世界也对他稍有厌烦。于是他逃到这里，将此地视为庇护所。他的钱财不多，只有几百美元；他去低地，给人上课，一晚挣50—100美元。与梭罗一样，他喜欢独处。他偶尔得到25美元的诗歌稿费。他用所有的钱购买木材，经由一条难走的路线运上山。他建造了12座小小的房屋，一些房屋是圆屋顶，带有精巧的小阳台、奇怪的瞭望台。

所有的访客都被安排住在其中，并且想住多久就住多久，要是不想住了，

① 放在嘴里的金属制马勒，用来控制、约束和驾驭牲畜。

② 骑马者靴后跟上的短刺或带刺的轮，用来驱马快跑。

随时都可以离开。他的话语风趣幽默、令人深思、启迪心智，却也自相矛盾。朋友前来拜访，他常常责骂对方。你还来不及寒暄几句，他要说的话已到嘴边。他会把你的罪孽、恶行、轻罪、过失、缺点、无能一一道来。他知道你到过什么地方，做过什么事情。但从你的笑声以及所有人快乐的高喊声中可以看出，虽然直言不讳，但他却绝不会令人生厌。

"高地"的入口处有一个牌子，写着"闲人免进，继续前进，好风景尽在高处"。这并非意味着你不受欢迎。米勒常常口不应心。事实上，他待人和善友好，富有同情心。虽然总是装腔作势，但他一贯如此，因此看起来很自然，毫无做作之势。

米勒一头过肩长发，胡须也垂到腰间。他身穿钉有纯金纽扣的皮马甲、鹿皮马裤，系一条红领带，领带里还藏着一根价值 1000 美元的钻石别针，他脚蹬高筒靴，下山去镇里时他时常戴着叮当乱响的靴刺。

乔奎恩对法律和社会习俗并不无尊重之意——如果你相信他的话语。从任何意义上讲，他都不是罪犯，他只在自己的思想里扮演违法者的角色。他名字的由来还颇有一段故事。他曾经为一位名叫乔奎恩的逃犯极力辩护，然而最终这名犯人仍然难逃死刑。于是他的矿友们嘲弄地管他叫这个犯人的名字，久而久之，这个名字就固定下来了。他也没有拒绝，选择了乔奎恩·米勒这个简单的名字。1841 年，他出生在一驾从印第安纳州到俄勒冈州的马车中。他视印第安纳州为自己的出生地，因为那是他父母的故乡。

他的原名叫辛辛纳图斯·海涅，从中可以看出其父母对文学的偏爱。热爱亨利希·海涅[①]、喜欢轻快活泼的曲调、欣赏海涅文字的魅力、了解辛辛纳图斯[②]弃农为国家而战的历史的人，一定是有学识的人。

① 德国作家、诗人。

② 古罗马政治家，曾任古罗马执政官。

乔奎恩·米勒是天生的诗人。他在印第安人中长大，印第安人杰出的诗歌作品和对颜色的喜爱深深地烙在他的内心中，有时他的言谈举止与苏人[1]酋长一样高贵、冷漠。

在很多美国人口中，他自负自大、装腔作势，他的确如此。但是他的姿态如孔雀般自然，歌声更是动听。无论身处何地，他都一派轻松惬意。孩子们喜欢他，崇拜他。当他迈步走进房间，女人们会大叫："看啊！是他！"乔奎恩·米勒热爱朋友，憎恨敌人。他常常提出建设性的主意，转瞬之间又改变了想法。他是作家、演员、演讲家、编辑、诗人、绅士。在他身上还保留着几分童真与单纯。他愿意与有需要的人分享自己的一切。

他接待了大量的访客、流浪者、罪犯、诗人、传教士、改革家，几乎花光了他的家产。但是只要还能为他们提供食物，他就会大开欢迎之门。有时他甚至裹着毛毯睡在门外，将自己的房屋让给客人。

他是个乌托邦式的人物，总是构想一个友谊至上、共有共享、无贫富差距的社会。

乔奎恩少有积蓄，挣的钱几乎都花光了；挣多挣少没有差别，因为他将钱分给他人。然而他从未捉襟见肘。他会向少数几个朋友求助，但绝不索取不需要的东西，一旦有能力，他便立刻偿还。他为人诚实、真诚，充满爱心，才华横溢。他为世界增添了无限的乐趣，他使从未有过欢乐的地方响起银铃般的笑声。

这样的一生足矣，他无憾地死去。他是智者、梦想家、理想主义者，他热爱生命，发现生命的美好。

---

① 美洲土著印第安人的一支。

*　　　*　　　*

公元前461—公元前429年的希腊正处于伯里克利时代，这是希腊的极盛时代，在那几十年里，伯里克利将雅典城装扮得美丽非凡，直至今日，建筑者们仍望尘莫及。在伯里克利时期，社会极度活跃，各种活动非常丰富，人们各司其职，思想得到极大的启蒙。无人匹敌的雕刻家菲迪亚斯也是一位伟大的老师，他甚至在有艺术审美的雅典人民面前雕刻作品。他让几千人手拿木槌和凿子，在奇妙的大理石上雕刻出脑海中构想的完美形象。菲迪亚斯手下有一个叫作弗洛尼斯科的石匠，他与专门照料病人的菲娜拉底结婚，两人生下一个儿子，就是苏格拉底。

苏格拉底继承父亲的雕刻手艺，成为小有名气的雕刻家，他用双手、用大脑、用心灵雕刻。他曾说："能够从雕刻中学习到的，我都学会了。"后来他永远告别了雕刻，有意识地训练自己的思考能力。苏格拉底做事从来都目标明确，他生活在两千多年前，我们无法一睹他教学的风采。"学园"一词来自希腊语，最初的含义是闲暇、空闲。人人都拥有闲暇时光，晚餐后漫步至剧院、音乐会。这样的时刻对苏格拉底而言便是闲暇时光。

苏格拉底惯于思考，并且总能得出结论。

"它的用途是什么？"苏格拉底时常问道。

苏格拉底有众多学生，其中柏拉图和亚里士多德最为人们所熟知。

一天，苏格拉底遇见了一个名叫亚西比德的富人之子。他问起了永生的问题。因为苏格拉底认为寻求知识即追求美德，所以亚西比德说道："苏格拉底，我怎样才能成为有学识的人？"苏格拉底问道："你能做什么？你能够骑骡到达雅典卫城之上，拿回帕特农神庙顶端一块华美的大理石吗？"

"哦，我做不到，那是赶骡人做的事。"

“你能驾驶战车吗？”

“哦，我做不到，那是驾车人做的事。”

“你能做饭吗？”

“哦，我做不到，我家有厨师。”

“哦，亚西比德，你父亲更应该让最谦虚的仆人，而非自己的儿子接受更好的教育，这不奇怪吧？”亚西比德难过地离开了，因为他贪图安逸，是个懒惰的人。

* * *

1912 年 4 月 14 日，星期天，晚上 11 点多，这是一个繁星满天的夜晚。

地点是纽芬兰岛附近海域——海洋中的墓园。

突然一阵沉寂——发动机失灵——巨轮泰坦尼克号的钢铁之心停止了转动。

通常，如此的沉寂对随着轮船沉入大海的人们来说都是不祥的预兆。“发动机停止转动了！”人们凝神注视，屏息聆听，难以置信，却又焦急等待！

半分钟过去了，巨轮的龙骨发出刺耳的断裂声，仿佛在痛苦地呻吟。它不停地摇晃、挣扎，人们也随之步伐不稳，失去重心。

“是冰山！”有人疾呼，消息迅速传开。

“肯定是冰山！侧面撞上了冰山——确实是这样！啊！”

甲板上和船舱里有人透过舷窗向外看，只见一座巨大的冰川正慢慢漂过。

甲板上全是碎冰，乘客捡起一块，笑着说道：“带回家当作纪念品吧。”

五分钟过去了——发动机恢复运转——但又立即停止了。

蒸汽机被关闭，汽笛声响彻严寒的天空。

沉寂，汽笛声！警报拉响了，人们却毫无慌乱之色——明明没有起雾，为什么拉响汽笛呢！

寒风刺骨，甲板上的人开始返回船舱添加衣物和围巾。

男人们大笑——有几个人不安地点燃了香烟。

这是一个群星璀璨、冰冷异常的无月之夜。海面平静得仿若夏日的池塘。赫然出现在船桅一侧的巨大冰山消失在黑暗中。

“哪来的什么冰山——是你的想象吧。”一个人说道，“回去睡觉吧，安全了，反正船是不会沉没的！”

汽笛声暂时安静了，就在这时，喇叭里响起从驾驶室传来的一个刺耳声音：“分配救生船！女人和孩子先上！”

“听着像是一场游戏。”亨利·哈瑞斯对布特少校说道。

乘务员和服务员分发救生用具，向乘客们示范如何使用。

人群中传来一阵笑声——带着几分歇斯底里的笑声。“我要尺寸合适的救生衣，”一个女人提出异议，“这件太不适合了！给我一件男性尺码的！”

船员们一遍遍重复着驾驶台里船长的命令：“分配救生船！女人和孩子先上！”

“这是演习吧？一定是的！”

“防患措施已准备完毕——很快就能继续开船了。”乔治·怀特纳握着妻子的手，连声安慰。

女人们不情愿地上船。船员们略显粗鲁地一把抓住她们，将她们推上船。孩子有的大哭、有的半睡半醒，也被抱上了船。

母亲伸出手臂，接过一个个孩子。这里已经没有了地位高低和贫富差距。

由于没有演习过，所有的安排都是临时的、杂乱无章的，因此，救生船摇摆不稳，忽高忽低。

突然甲板稍稍倾斜，乘客们加快了逃离的步伐。船头渐渐沉入海中——可以预见船将向右舷倾斜。

一个英国人刚刚结束了纸牌游戏，疲惫地从吸烟室出来。他不慌不忙地向正在送女人和孩子上救生船的船员走去。

这个周游世界的英国人装满烟斗，说道：“先生，这艘大船是怎么回事，你知道吗？”

“傻瓜，”船员咆哮着回答，“船要沉没了！”

英国人划燃火柴，说道：“如果船真的要沉了，就让它轻松些下沉吧，你明白的。”

富商约翰·雅各·阿斯特上校半强迫地让妻子上救生船。她虽不情愿，但也同意了。他爬上救生船，挨着她坐了下来。原来这是使她上船的计策。他温柔地亲吻她，然后站起身来，轻轻地下了船，把位子让给一位妇女。

“放下救生船！”船员叫喊道，“等等——这里还有个男孩——他妈妈在救生船上！”“放下救生船！”船员大喊，“船上已经没有空位了。”

阿斯特上校止住了脚步。乔治·怀特纳扔给他一顶在甲板上捡到的女士帽。阿斯特上校将帽子戴在男孩头上，一把将他抱过护栏，高声叫道：“你不会抛下这个小女孩不管吧？”

“把她扔到船上。”船员叫道。当救生船被缓缓放下时，这个孩子也被一双温暖的手接住。阿斯特上校转身看着怀特纳，哈哈大笑：“瞧，我们把他及时送上船了。”

“我们纽约见。”当救生船离开沉船时，阿斯特上校对妻子喊道。他点燃香烟，将银烟盒与一盒火柴递给其他人。

有一个人跑回船舱去拿装着现金和珠宝的盒子，这个盒子价值30万美元。可是他改变了主意，只拿了三个橘子，分给救生船里的三个孩子。

当救生船被慢慢放下时，施特劳斯夫妇抱着从头等舱里拿来的毛毯，扔给救生船里的人们取暖。

“快送那个女人上船！”一个船员叫喊道。两个水手抓住施特劳斯夫人。她却奋力挣脱，自豪地说道：“不！我要和丈夫在一起。”施特劳斯先生平静、柔声地坚持让她上船，并保证自己一会儿就跟上去。

但是施特劳斯夫人态度坚决。“这么多年来我们一起四处旅行，难道要我们现在分开吗？不，我们的命运是一体的。”

她露出平静的微笑，一把推开布特少校，于是布特少校命令水手放开她。“我们会救你的——施特劳斯先生和我都会——来吧！这就是海洋的法则——女人和孩子先上——快来吧！”布特少校说道。

“不，少校，你不明白。我要和我丈夫在一起——不管发生什么，我们都是一体的，你不明白！”“你瞧，”她哭喊着，似乎要改变话题，“救生船里有个抱着孩子的女人没有毛毯！”施特劳斯夫人脱下自己的毛皮大衣，轻轻地盖在女人和熟睡的天真的婴儿身上。

威廉·T. 斯蒂德手握一根铁棒，布满皱纹的脸上流露出严肃的神情。“恐怕统舱里的人会乱作一团——他们会争抢数量不足的救生船。”

布特少校掏出左轮手枪，看着拥挤的船舱，接着又把手枪放回口袋里，笑着说：“不会的，他们知道我们会尽快救出女人和孩子。”

斯蒂德先生也把铁棒扔进海里。他向后甲板拥挤的人群走去。他们说着不同的语言，哭泣、祈祷、祈求、相互亲吻，心中充满巨大的悲痛。

约翰·B. 萨尔、乔治·怀特纳、亨利·哈瑞斯、本杰明·古根海姆、查尔斯·M. 海斯、施特劳斯夫妇走到这群人中间，和他们交谈，试图安抚他们。

除了施特劳斯夫人之外，还有一些女人留下来与丈夫生死与共。她们紧紧握住彼此的手——微笑——她们明白！

古根海姆先生和秘书穿戴整齐。“如果我们要去拜访海王星，我们得穿成绅士的模样。”他们笑着说道。

船头渐渐沉没，甲板前部已被水淹没，严重倾斜。冰冷的海水涌向挣扎的人们。

仍在船上的人们爬上甲板。

凶恶的海水紧随其后，愤怒、嫉妒、野蛮、无情。

甲板已成直角，人们被吊在护栏上。

一阵可怕的爆炸声响起——船里的锅炉爆炸了。

最后的灯光就此熄灭。

一片黑暗！

钢铁的庞然大物摇晃、下沉，一点一点地被海洋吞没。

曾经昂然行驶在海面上的巨轮此时已变成一片片残骸，曾经鲜活的生命已变成死者、垂死之人，全都沉入黑夜的海底。头顶上，繁星闪烁着诡异的光亮。

施特劳斯夫妇、斯蒂德、阿斯特、布特、哈瑞斯、萨尔、怀特纳、古根海姆、海斯——我想我认识你们，因为我曾经见过你们，感受过你们的品质，凝视过你们的眼睛，紧握过你们的双手，但我却没有猜出你们是如此伟大。

如今你们听不到称赞——任何赞美之词对你们而言都毫无价值。

英勇的勋章——镀金显得如此廉价，白镴[①]显得一文不值！

我们无法称赞或责备你们。我们伸出手，却无法碰触你们；我们大呼，你们却听不见。

阿斯特上校，你在一生中，遭遇了冷酷、愚蠢的话语。我们承认你富可敌国，同情你出生的造化，但我们祝贺你充满海水的嘴永远合上，因为如此一来，你也使苛评者和批评者在坟墓中闭上了嘴。

---

① 一种锡与铅的合金，银灰色。

查尔斯·M. 海斯，你是旅行者安全的守护神，你曾经多次指挥航船安全地横跨大西洋，原本你绝不会中计，谁知却落入这片海洋的陷阱中，连同多人葬身海底。你将安全置于速度之上，你崇尚实用。你和约翰·B. 萨尔原本拥有一盏探照灯，应该在危险地带打开，在 5 英里外确定冰山的位置。你、萨尔信任其他人，你们相信他们，然而这次他们却辜负了你们。

施特劳斯夫妇，我嫉妒你们为后世子孙留下爱与忠诚的宝贵遗产。你们真正明白三件伟大的事情——如何生活、如何爱、如何死去。

艾奇·布特，装饰你军服的是闪闪发亮的纯金。以前我总是怀疑这一点。

你将女人抱进救生船中。“代我向家人问好。”当你举起帽子，返回注定沉没的甲板时，你高兴地大喊道。

你像英勇的绅士一般死去。你保留着英国古老的光荣传统。“女人和孩子优先！”所有美国人都以你为傲。

古根海姆、怀特纳、哈瑞斯，你们命运不幸，比一般人富有。因此我们写关于你们的故事，印刷出版。如果你们是幸运之人，便能在游戏中坚持到最后，虽然失败了，但你们都是赢家。

当你们的灵魂与塞壬[①] 玩捉迷藏，与水神那伊阿得斯共舞时，你们不再在意我们。但是我们的心仍与你们在一起。船舱里的女人是你们的姐妹，男人是你们的兄弟，在爱与纪念的墓碑上，我们铭刻你们的名字。

威廉·T. 斯蒂德，你是一名作家、思想家、演讲家、实干家。你证明了自己事业的伟大；当你最后一次羡慕地望着闪烁的星星时，上帝自豪地对加百列天使说道：“天堂里来了一个好人！”

我所知道的关于你的一切，以及更多我所不知道的事情都被潮水卷入未

① 女海妖之一，用她们美妙的歌声诱惑船只上的海员，从而使船只在岛屿周围触礁沉没。

知。你成为贪婪的奢侈女神与她的配偶急速恶魔的牺牲品。

这值得吗？谁能说明白？只有在血与泪中才能学会生命的沉痛教训。

为逝者而悲痛的时代已经永远过去了。逝者得到安息，工作终结，他们饮下忘川之水，在海洋中颠簸。我们亲吻双手，哭喊道：“你好，再见！”

对于等待永远不会响起的脚步声，聆听永远不会听到声音的人们，我们的内心满溢温柔、爱意与怜悯。

他们没有活下来，终究还是死去。他们使我们靠得更近——我们对人类燃起了希望。

自杀是残忍的。

但是像施特劳斯夫妇一样死去是光荣的。很少有人如此幸运。幸福的爱人双双离去。生同室，死同穴。

* * *

不管你拥有多少财产，最重要的是，将孩子培养成有用之才，让他们肩负必需的职责，甘愿承担善良、简单、古老的工作。

世界上没有卑贱的工作。必需的工作都是高尚的，有价值的工作都是神圣的。脚踏实地，不排外，不唯我独尊，避免使自己泯然众人，以特殊之处吸引众人的目光。我们常常在诗人、艺术家、音乐家身上看到的高傲姿态其实只是缺点的表征。拥有才智固然是好，但要建立在尊重常识的基础上。

* * *

现代音乐的历史更短，远不及印刷术的发明古老。

中世纪圣歌和流行的民歌交汇融合便形成了现代音乐。

希腊的雕刻、意大利的油画、荷兰的肖像画都达到了艺术的完美境界。但是所有伟大的音乐家以及 90% 杰出的音乐作品却诞生于盛产思想家的德国。

艺术的出现依赖于商业复苏。没有商业，也就没有多余的财富和闲暇。人们必须先满足温饱，才能将剩余的金钱支付给艺术家；只有生存得以保证，才会有享受出现。

当威尼斯不再只是亚得里亚海明珠，而变成航运中心时，艺术在此建立了它美丽的宫殿。它培养了乔尔乔内、提香、贝利尼①，优秀的出版家，用金银铜锻造锤炼艺术品的人；威尼斯给予几英里以外的克雷默那② 的小提琴制作大师史特拉提瓦里以生活来源与勇气。

然而有一天，威尼斯 70 名出版家停止印刷，砧琴③的声音戛然而止，所有画家放下画笔，威尼斯变成了一座纪念之城，只能追忆往昔辉煌的艺术，主宰者的商业中心被转移了。于是威尼斯悲伤且孤独地矗立着，只剩一片黯淡又美丽的遗迹，整座城市笼罩着难以名状的痛苦。如今这里只有兜售明信片的小贩，游荡街头的小偷，堕落的盗贼之子。

威尼斯的一切成果被荷兰吸收。出版商埃尔塞维尔和普朗坦接管了 70 名出版家的生意，首都阿姆斯特丹、莱顿、安特卫普的艺术学校再现了威尼斯的每一个重要的艺术成果。3 个世纪以来，安特卫普的大教堂每一刻钟便会响起和谐的钟声，无论和平兴盛，还是面临可怕的战争、突然的死亡。教堂里悬挂着著名画家鲁本斯的杰作，就像两百年来悬挂着提香画作《圣母升天图》的威尼斯著名的弗拉里荣耀的圣母堂，但是面积更大。

荷兰的教堂里摆放着精良制作的风琴，牧师们组成唱诗班，赞美最佳歌

---

① 以上三位均为著名的威尼斯画家。

② 意大利北部的一个城市。

③ 一种打击乐器。

者与音乐人。音乐与绘画同时得到发展，最终所有的艺术形式合而为一。荷兰为世界做出了杰出的贡献。是荷兰人教会了英国人绘画与印刷，英国人再教导我们，印刷、绘画、音乐从荷兰传入我们手中。

*　　　　*　　　　*

如同铁轨使火车变为现实一样，橡胶轮胎使汽车成为可能。如果古德里奇博士先于斯蒂芬森[①]发明了橡胶轮胎，那么铁路将永远不会出现。

运输是世界上第二重要之事，促进运输发展的人是世界的建造者，使全人类受益，将永载史册，活在人们心中。

*　　　　*　　　　*

公元前312年，阿皮尤斯·克劳狄乌斯[②]开始建造亚壁古道。这场欧洲战争结束后，你驾驶着白色汽车出国，或许会体验到行驶在亚壁古道原始路基上的乐趣。这条大道宽18英尺，从罗马一直到加普亚[③]，后又延伸至布林迪西[④]。大道的一部分沿用至今。

亚壁古道是当时国力强盛的象征，为石油和葡萄酒的运输铺平了道路，这条大道成为罗马商业的纽带，车辆日夜川流不息，一派繁荣景象。

250年后，罗马占领英国，开始修建从多佛至约克的托特林大道，从伦敦至爱丁堡的北路公路，这条路至今还保留了一部分。

---

① 英国发明家、蒸汽机的发明人。

② 罗马检查官和执政官。

③ 意大利南部一城镇。

④ 意大利东南部港市。

恺撒军团建造宽阔的公路，并且使英国人意识到文明的基本准则。此外，人们还接受了仔细彻底的品质。

毫无疑问，在修路的历史上，美国人比罗马人或英国人占据着更重要的地位，至少美国人值得如此评价。我们在这片大陆上拥有一万条亚壁古道和托特林大道，砖块与石头修建的道路和碎石路连接着各地的乡间别墅，贯通各州。四通八达的道路凝聚着一亿人民的辛勤努力。

这些道路是伟大修路工人的纪念碑。他们向世人展示了高瞻远瞩的眼光、无所畏惧的勇气和不达目的决不罢休的坚持。他们显示了一种明智的渴望——成功！他们鼓舞了时代精神——“向前！前进！”

道路的发展取决于运输方式。现代汽车已经成为高速公路建筑最重要的因素。一件事物的完美带来了另一件事物的完美。

(六)追求幸福是人生的唯一目标

同情心、智慧、自制力是成功者必不可少的三大要素。没有同情心不可能成为伟大之人。同情心和想象力是对双胞胎。你的心灵必须对所有人倾注怜悯之情：居高位者、地位卑微者、富人、穷人、饱学之士、平民白丁、好人、坏人、智者、愚者。对所有人一视同仁，否则你永远无法理解他们。

同情心是所有秘密的试金石，是一切知识的钥匙。

将心比心，设身处地地为他人着想，你将明白对方所思所为的原因所在。

站在他人的立场上，你的责备将自行化为怜悯，你的眼泪将洗去他的罪行。

然而，拥有一颗同情心的同时必须具有一个智慧的大脑，否则同情将变成脆弱的情感。用于实际的知识便是智慧，智慧意味着一种价值观——以小见大、见微知著。悲喜只在价值之间：生活中的小小不相称使我们大笑；巨大的不相称却是悲剧一场，令我们痛苦万分。

自制力是控制同情与知识的内在力量。除非你能够控制自己的感情，否则它们将决堤而出，令你不堪重负。

同情心不能泛滥，否则便是软弱的象征，而非坚强的标志。在每所治疗精神紊乱的医院里都有很多同情心失控的病例。具有同情心却缺乏自制力的人，对于自己和全世界，他的生活都是毫无价值的。

自制力是一种精神品质，更多的是感知，而非看见。自制力与身高无关，与外表无关，与衣着无关，与身姿无关。它是内心的一种状态。

我认识一个人，虽然身体有恙，却拥有非凡的自制力，他一迈入房间，众人便感觉到他的存在与骄傲。

任由同情心浪费在无关轻重的事情上是在消耗生命力量。

保存力量是一种智慧。无论在艺术表现上，还是在生活中，自我克制都是必不可少的一个要素。

自制力控制着我们的同情心和知识，它意味着我们拥有同情心和知识，因为如果没有这两样，你便没有可控制之物，除了你的身体。将锻炼自制力仅仅视为一种体能练习——如同学习礼节一般——是违背自然的、荒谬的。自制力是精神对身体的控制，是心灵对姿态的控制。

接近大自然以获得知识。最大限度服务人类的人是最伟大之人。同情心和知识以运用为本——将你获得之物分发他人，将你收集之物赠予他人。上天赐予你高尚的同情心与智慧，你希望将其与他人分享，以表感激之情，因为智者明白，只有给予，我们才能保留。

成功者拥有同情心、智慧与自制力。这样的人是永远的学习者，也是永远的教导者。

*　　　*　　　*

世界需要坚强的人。你能够雇用足够的人，支付两美元的日薪。然而当你需要一个能胜任薪水过万美元的职务的人，你必须四处寻找；当你想要的是一个能胜任 50 万美元薪水的职务的人，你会发现他已经有了一份好工作，并且不急于跳槽。

*　　　*　　　*

人们追寻幸福，所有人都追寻幸福。生活中别无其他目标，无论是通过放纵还是禁欲，自私还是牺牲，幸福都是永恒的追求。

幸福是一生中唯一的目标。

在追求幸福的过程中，人们的感知经历了三种截然不同的理性形式。第一阶段是最低级的理性形式，这种形式其实更像是一种非理性的状态。此时的人们还不明白生命是一场有先后顺序的渐进过程，今天的“果”是昨天种下的“因”——先因后果。人们追求幸福，希望现在获得幸福。然而人们却不懂预测之乐、耐心之美，也不明白自控力会带来美妙的奖赏。

第二阶段是美德时期。此时人们已经初识因果的法则，明白放肆狂欢的结果是过于饱足，懂得对错有别。事实上，这意味着人们具备了辨别的能力——从错误中明白什么是正确的。人们在这点上思考甚多，并且谈论、记录、宣扬对与错。人们区分识别，避恶扬善：一生致力于分辨好坏，对于所有自认的美好之事，人们渴望占有；对于自认的邪恶之事，将其全部丢弃。

如果人们拥有这种能力，则会同意规定有严厉处罚的禁令。看见“罪恶之事”，将其消灭，了解什么是最好的（或自认了解），为了使他人幸福，他制止他们罪名的行为，强迫他们安分守己，循规蹈矩。

第三阶段的人每天都在斗争中生活。他相信自己天性邪恶，将内心的魔鬼连同生命的重要目标消除得一干二净。他将绝大部分的精力用于“抵挡诱惑”。他是禁欲者、节制者。他的大部分生活是消极，而非积极的；他认为克制约束是每个人的职责。事实上，“职责”的想法对他而言永远强烈。

第一阶段的人们不分辨对错，第二阶段的人们将对错分离。在无经验者看来，第三阶段与第一阶段相似，因为第三阶段的人们也不寻求分辨对错。他们认为罪恶的基础是善良，对错是相对的，能够轻松转换。第三阶段的人们相信坏人心存善良甚于好人心怀邪恶。他们发现，其实罪恶是被滥用的精力，只要加以教导，就不算彻底邪恶。

当然，我阐述的三个阶段是略显武断的分类，三个阶段或多或少有所重叠，人们可能今天还处于一个阶段，明天就处于另一阶段。但是第一、第二阶段的现象随处可见，只要多加留意观察，就能轻易发现。第三阶段没有明确的定义，这类型的人通常不为最亲近的人所知。无经验者常常将其与第一阶段的人归为一类——他们被打上“异教徒”的烙印。但是你不必因此苦恼，如果你读过历史，那么你就知道“异教徒”常常拥有信仰。

当同伴断定他远远落后时，其实他遥遥领先。

他与所有教派产生共鸣，却不属于任何一派。他认为一切宗教都是在寻求帮助，祈祷光明，不同的教派仅仅代表不同的观点与角度。他认为人皆存善。

然而，智者不会无端指摘信仰的多样性与教派间的冲突。就自己而言，他更偏爱联合而非分裂人类的宗教。他明白宗教派别代表着人类曲折向前向上发展的阶段。所有教派都动荡不安，但所有教派都极力对某一类型的人们给予援助。鸟类换羽毛，是因为它们不断成长，拥有更好的羽毛。因此总有一天，这些同样的“正统教派”的信徒将欣喜地改变曾经捍卫的观点。

智者还相信所有人——无论好坏，无论是否受过教育，无论强弱。他认为夜晚与白天一样必不可少，四季都是美好的，所有天气都是美妙的。狂风吹走了浊气，正如流水涤净了自我。冬季是为迎接夏季所做的准备。

万事万物都是整体的一部分。我们与鸟儿、动物、树木、鲜花和谐共存。

生命无所不在，甚至岩石中也有生命。格兰特·艾伦[①]曾说过：“小小一平方英尺的草地上有至少200种不同的生命形式。”生命无处不在，合为一体，我们只是其中的几颗微粒。

生命是美好的。在人类所有的理性思考中，最具价值的是了解到自然中没有错误出现；所有看似错误的东西——所谓的“罪孽”——是迈向更高层次善良的台阶。每一条真理都是一种悖论，每一个坚强的人都为自己的崩溃寻找证据，所有真理只有一半的真实——真理永远存在矛盾之处。意识到这些的智者因此不再吹毛求疵。他们知道你无法向任何人解释什么——如果对方不明白这一点，无论你如何极力想让他明白，最终都只是徒劳。

所有人在某一时间的行为只是因为他认为此时这样做是最好的。他相信自己能够做决定，但事实上他的天性屈服于最强大的吸引力，他与纯净的氧气和氮气一样，受自然法则的掌控。哲学家叔本华曾说过，如果你看见一块岩石从山上滚落，你将其拦住，问它为何滚落，如果岩石是有意识的生命，它会毫不犹豫地回答：“我滚落是因为我选择滚落。”

拥有某种秉性、某些经历的人受某些品质所支配，会在某一条件下做出某种事情。如果你能够找出与一个人相似的另一个人，他在类似的条件下也会做出与前一个人完全相同的事情。

了解到这些，智慧之人便不再指责。或许会怜悯，但他不会惩罚，因为他知道在因果的法则下，正义得以伸张，他绝不会错误地猜想神明赋予他审判的职责。他将在能力范围内发挥自己的想象力——他将改革社会、教导他人、指引方向，但绝不会试图压制或严惩。

他在生活中处处原谅，时时怜悯，撒播无穷的关爱，因此力量之源也永不枯竭。

---

① 英国自然文学作家。

大多数人祈祷有一处停泊的港湾，然而我们真正需要的是浩瀚的海洋。“扬帆起航”的命令只有第三阶段的人才听得到。

*　　*　　*

一天，一名女士问我：“你最好的作品是什么？”我想说《论沉默》，然而她诚恳的眼神似乎在说此刻不能玩笑逗趣，于是我诚实地回答：“我写过的最好的作品是一本小册子，名叫《我是如何找到兄弟的》。”

*　　*　　*

别写抱怨的信，别打发牢骚的电话。抱怨的话语会消失，当你心情舒畅地写作时，纸上的文字会凝固，只有迷人的话语才能永久流传。

所有信件中，最珍贵的当属詹姆斯·惠特卡姆·莱利[1]的信件。他或许会说傻话，却从不将其写下来。莱利的信件如同一束束滚动着清晨露珠的紫罗兰。

作为宣泄压抑情感的手段之一，带有不雅词语的信件有其用途和目的。所以，如果你必须写，那么写完后折好放进信封里，用大号字体醒目地注明“私人”，在信封左侧倒贴邮票，最后将信撕碎，扔进垃圾箱里。

*　　*　　*

人身保险的首要价值看似在于提高人们的能力，以此面对不可避免的自然考验、困难和生活的阻碍。

① 美国诗人。

我们与死气沉沉的事情、与大众的愚行、与不正确的评价作战——也与自己的缺点抗争。然而以极大的毅力与信念面对种种诸如此类的现象，并且预见自己的成功——这就是生活。

这是最重要的事情——生活！

有助于我们生活的一切事物都是好的。

正确面对生活的人走到生命尽头时，会优雅地死去。

* * *

朋友是了解全部的你之后依然爱你的人。

* * *

我希望有一天，教育和风景一样，向所有人免费。美和真理的教育应该向所有具备吸收能力的人免费开放。私立学校、私立图书馆、私立画廊、特许学院应被取消。我们拒绝无法让所有人欣赏的杰作。我的兄弟必须拥有我所拥有的一切——因为我的兄弟就是我自己。必须消灭受教育阶层、上流社会——人人有权拥有、享受他生来或不幸被剥夺之事。

只要还有其他人身陷囹圄，就等同于我也被铐上了手脚。

但是世界正越变越好：去乡村学校看看——或者任何学校——与25年前的学校做一番比较！这些学校美丽整洁、空气新鲜、光线充足，处处设施考虑周全。但别期望发现完美——还有很多亟待改善之处，但我们一直在进步！我希望有一天，所有优秀的大学都被纳入公立学校体系。

*　　　　　*　　　　　*

奇怪的是，最富能力的人却无法成为好老师。爱默生说过：“伟大的老师不是灌输最多事实的老师，而是有了他的在场，让我们变成不同的人。”

个性过于独特容易引人反感，使人畏惧。强烈的个性以排山倒海之势压倒周围的所有人。伟大的演员极少与才华横溢的演员为伍。事实上，伟大的演员常常独自一人。凡他所到之处，活力消失、劲头减退、主动性不再。

在美国，发掘天才的商人很少，通常其员工都是平庸之才，更不必提那些随波逐流者、伪君子、谄媚者。

如果有谁在他生活的时代被称为伟大的商人，原因不仅在于他是伟大的商人，更在于他发掘了至少其他 6 位伟大的商人。他录用年轻人，给他们机会。这些乡下孩子在他的指导下获益匪浅，心智得到长足发展。

当你受托送信时，在最短时间内送达是非常必要的。

有些人永远无法完成送信的任务，另一些人则会鼓舞送信人，使他们变得忠诚且勇敢。

当你希望送信人顺利完成任务时，别用太多的指导阻碍他，也别用他将遇见的危险吓唬他，使他不敢前进。而应向他说明如果不能完成任务，他将受到的惩罚。

伟大之人明白应该在何时、以何种方法信任他人；托付、委派任务，闭口不谈惩罚。让资产负债表最底部的一行数据编造谎言——这样的人是天才。当然，如果你信任了错误之人，你将懊悔不已，但是天才懂得知人善任。如今显赫之人之所以显赫，是因为他们使他人获得工作。

拿破仑说过：“我靠我的元帅们赢得战争。”当被问到他在何处得到这些良将时，他答道："我在泥土中发现的。"他发掘出身卑微的人，委以重任，令他们成为杰出的人才。忠心耿耿的部将贝朗特放弃家庭、信仰、一切个人利益，一路追随主人拿破仑来到圣赫勒拿[①]，甚至在拿破仑死后仍拒绝离开，而是留在圣赫勒拿，决意死后将自己的骨灰埋葬在深爱的主人的墓地里。能以如此之爱鼓舞他人的人不是寥寥几笔或耸耸肩膀就能被抹去的。

拿破仑必然有自己的个性，然而他没有以自己的个性摧毁他人的个性。

伟大——无上伟大——的人不会仿若巨像一般矗立在狭小的世界里，使其他人只能在他庞大的腿下窥视，发现自己丑恶的雕像。

世界辽阔宽广，足以容下我们所有人，然而一条流行的口号却是："腾出空间！腾出空间！"如果你要给出指令，不妨这样说："打开通道！"

当麦金莱总统[②]将信件交给罗文时，他信任罗文。他没有指示，没有威胁，没有暗含的质疑，没有命令。罗文与他都没有询问对方。

不仅过自己的生活，对别人的生活也横加干涉的人不是伟人。伟人的伟大在于他信任他人，知人善任，使他人发挥常常被忽视的最好的一面。

*　　　　*　　　　*

我将提及一件就我所知从未在书中出现过的事情：男人与男人、女人与女人之间友谊的排外性对社会的危害。

同性的两个人无法互补。

我们要么应该有大量朋友，要么一个也没有。

当两个男人开始"无话不谈"时，意味着衰老一步步靠近。

---

① 拿破仑的流放地。

② 美国第 25 任总统。

必须有一些界限清晰的自我保留。

在物质中——例如，脱氧钢——分子彼此之间永不碰触。它们绝不放弃自己的个性。

我们的性格不能被抛弃，做你自己，如果与朋友保持一点距离，他会更加关心你。友谊如同信誉，不被使用时，其价值最高。我能理解一个强大的人对 1000 个人怀有深厚的、永久的感情，并能一一叫出他们的名字，但是他如何厚此薄彼，并且保持自己思想的平衡，我却颇为费解。

与他人关系紧密，对方会如溺水之人一般将你紧紧抓住，拖你下水。在亲密、排外的友谊中，弱点是相互传染的。

*　　　*　　　*

我们常常听到晚年之美，然而只有当人们已经为美好生活做好长久准备时，晚年才是美好的。每个人都在为老去做准备。

或许在世界的某个角落有天性温厚这种品质的替代品，但我不知道在何处可寻。获得拯救的秘诀在于：待人亲切和蔼、做有用之人、充实忙碌地生活。

*　　　*　　　*

别依靠他人，别让他人依靠你。理想的社会是由理想的个人组成的。成熟起来，做所有人的朋友。

你的敌人是误解你的人——为何你不能穿透迷雾，发现他身上的闪光点，对他心生敬意呢？

*　　　*　　　*

我是人类忠心耿耿、不知疲倦的服务者。在智慧的商人或制造商——重视节俭、效率、合理、卫生设施、安全之人——眼中我是必不可少的。我拥有动物无可匹敌的力量与耐力。

我比 50 匹马更有力，比人更敏捷，不知疲惫、无眠无休！

我几乎不吃不喝，感觉不到驾驶者的鞭打，不畏严寒酷暑！

岁月无法削弱我的力量，疾病也不能奈我何。

我令商人的臂膀伸长千倍，每日助他面对生活的挑战；从田野与市场中收获足够的余量，供应全世界；将粮食从土地运至工厂，将衣物从纺织机送至商店，从印刷厂里将消息传入人们手中；满足你的温饱，带给你欣赏的音乐、阅读的书籍。

乘客乘坐的货车，航运的货物，构成了商业生活。

我压缩时间，节省金钱，消除不确定性。

我一直被模仿，从未被超越。

千名发明家构想设计、绞尽脑汁，才有了如今的我。

我代表着以最小的成本带来最大的运载量——我是安全、保证、明智、卫生的化身。我肩负着人类的责任！

我就是运货卡车！

*　　　*　　　*

如今，我们的希望寄托在商人身上。

商人、经济学家，建造房屋，修筑铁路，灌溉荒芜之地。今天，农民已变成商人——他们摆脱了农奴的身份，成为经济学者。你可以不和律师打交道，却离不开农民。所有人都依靠农民——这有时令他们不堪重负。

*　　　　*　　　　*

如果我们开始“了解自己”，那么平均寿命将急剧增加。

如今我们将自己是否患病的判断权交给医生，如果情况越来越糟，我们便完全准备好去医院，让外科医生切除受感染的器官。过着不被感染的生活不是更好吗？

疾病只降临在准备好迎接疾病的人身上。大自然尽量延迟疾病的发生，并加以阻止。

健康其实唾手可得，无须任何代价——努力很快就能变成一种快乐的习惯。如果对我的话有质疑，就去问问医生吧！

为什么不养成健康的习惯呢？你可以试试以下方法：

第一，到户外去，闭上嘴巴，深呼吸。

第二，适度饮食——简单、清淡——细嚼慢咽。

第三，每天至少进行 1 小时户外运动：散步，修剪花园，与孩子玩耍。

第四，在通风良好的房间内保证 8 小时睡眠。

第五，别为是否原谅敌人而烦恼——直接忘记就好。

第六，让自己忙碌起来——世界如此美好，我们必须，也能做些事情令世界更加美好。

*　　　　*　　　　*

如今有一种疾病叫作工厂忧郁症。如果决策层出现忧郁情绪，那么这种情绪会蔓延至工头、主管以及公司的全体其他人员，甚至装运货物的马匹也受到感染。它们放缓脚步、玩耍休息。马具上的黄铜无人打理，象牙项圈也不知去向。每个部门都是一派漠不关心的模样。人人都在说：“这有何用！”

* * *

密谋瓦解他人的人是在自掘坟墓。所有语带影射、腹诽对手的政治家都是在抹黑自己的名誉。或许他会暂时得逞，但结局注定失败。法国革命的密谋者最终上了断头台。

我们在心里播下恨意，任其生根发芽，最终在冷酷无情的命运驱使下，恨意变成满腔怒火。手持铁锤生活的人应该毁掉铁锤。如果你在百货公司、银行、铁路局、工厂工作，我请求你在生活中不要诋毁他人，不要听信毫无根据的传闻。不管对方口中令人难以接受的事情是真是假，都请一听了之。重复残忍的事实与捏造谎言一样可恶。如果有人毁我名誉，别傻傻地以为将此事转告我，就能讨我欢心。每隔一段时间对公司上上下下、每个部门进行整顿是必不可少的。在一家小规模的公司中，老板可以忽视窗外的争执；但是在大企业，一大群人争吵，所有人似乎忘记了自己的工作，那么自我保护意识会促使经理整顿公司。只有如此，公司的生命才得以维持。

* * *

这个国家要做的是将律师与医生给予的优秀且有价值的服务保存下来；保存的唯一方法是使它们与国家紧密相连，将其体现在薪水中。

医生必须令自己在门可罗雀的境遇中发现利益。他们必须使人们保持健康，告知人们如何预防疾病。所有律师都应该变成抚慰者，应该传播公正、和谐、和平、友善、爱，并且从中不断进步，而非四处树敌，像凶悍的女人大力地挥动扫帚，引得尘土飞扬、细菌满地。

我们必须让律师更加轻松地做正确的事，使之有利可图；对待医生亦是如此。

正确的生活方式使人们身体健康；当医生通过维持我们的健康，而非伤残得以获益时，他将告诉我们如何保持健康。

世界正处在变革之中，但是有些事需要一点磨砺和打造。

*　　*　　*

阅尽世间百态、拥有丰富经验的法官对于宣判总是非常谨慎。他明白主要的习惯和轻微的过失会使人们在毫无防备的情况下误入歧途，只要有人伸出强有力的、友善的双手，他们就能安全地重回正轨。

眼见有人掉入自己房屋对面的河中，却坐地抬高浮木价格的人，难以胜任高等法院大法官一职。

有多少人能够面对镜子责备他人，我不知道。

我们一直在抗争，却遭遇失败；我们被伤害，又重新站起来。我们拖着疲惫的双腿，在朦胧的视线中跌跌撞撞地向前走去，只有仁慈、心中的爱才能使生命变得可以忍受。当人性消失、友谊灭亡时，我们使湖水停止流动，寻找平静。

我们共同的命运不是成功，而是奋斗、维系、殆尽。

*　　*　　*

被轻易打破的法律是糟糕的法律。生活中任何错误的，被社会掩饰、保留的倾向都是不道德的。

这是所有人的共识：我们应该使人们行善易，作恶难。即我们应该奖赏自然的、自发的进步以及所有使人类进步的努力；我们应该阻止人类变得言行不一、虚伪、耍花招、哄骗他人。

*　　　　*　　　　*

当我还是一个缺乏经验的新手时，有一次我接受了一个赌注，穿上囚服，不受干扰地从布法罗走到克利夫兰。我花了超过 4 天的时间，走了 30 英里，被逮捕了 9 次，在敦刻尔克时，离我不远处有一群主日学校的郊游学生，于是我不得不脱下囚服，换上普通人的衣服。我是自由身，无犯罪记录，没有法律规定我应该穿何种衣服，只要是男性服装即可。

但是有一些不成文的法律，在很大程度上规定了人们应该如何穿着。就在今天，情况也非常相似。

*　　　　*　　　　*

我不相信用告诫的方式能够教育好 14 岁以下的孩子，虽然你在教育他，但是绝大部分是言传身教，为他树立榜样。如果责骂孩子，只能增加他的词汇量，他会模仿你的语言和行为，迁怒于玩具或玩伴。

*　　　　*　　　　*

黄石公园内只有一处缺点，即它会令你用光所有形容词。

通常我们描述事物时会说起相似物或联想物。

但是黄石公园会让你想起在洪荒的万古时代曾经出现过、发生过的事情。你仰望着喷薄而出的间歇泉、矗立的水晶峰、潺潺的流水、清澈的湖泊、高耸入云的山脉，你的双眼最终被湛蓝的天空吸引，心生敬畏、情绪沉淀，一种崇敬感油然而生。眼泪滑下，如释重负。

没有人能描述黄石公园，因为你的所见所感无法比较，也就无法言传。眼睛是心灵的窗户。但是在这些背后是短暂的、所谓的“情绪”。它没有固定的形态，易挥发，如夏日天空中变幻莫测的云彩，如瑟瑟作响的树叶般难以捉摸——对人类的耳朵太过模糊——如在平静湖面上玩躲猫猫的涟漪般难以捕捉。你与达·芬奇描画爱人脸庞时的感受相同。你描绘着自己转瞬即逝、变化莫测的情绪。

到过尼亚加拉大瀑布的人会在离开后谈起它，到过黄石公园的人会在离开后回想起它。这是一种体验，一种独一无二的体验。

英国诗人罗伯特·勃朗宁讲述了麻风病患者的故事。曾到过死亡领地的他无法说出自己的所见，因为他找不到有相同经历的人。

去过黄石公园的人只能与同样去过、了解过、感受过它的人谈论黄石公园。

*　　　　*　　　　*

有记者问我：“杰出男性是否都偏爱杰出女性？”首先申明我不是杰出人士，但我的回答是肯定的。婚姻的本质是陪伴。你每天早上面对的女性必须能欣赏你的幽默，赞同你的抱负。若非如此，男人将偏离轨道，在梦想的墓地里追逐破灭希望的幻影。

所谓的杰出男性，当然是指事业有成，在某一方面——写作、绘画、雕塑、演讲、计划、管理、设计、执行——取得非凡成就之人。

杰出男性只是不时展现杰出能力的普通人。他们不仅在大部分时间里是平凡的，而且常常是沉闷、固执、怀有偏见、可笑的。

因此事实在于：如若没有女性的鼓舞，取得不凡成就的平凡之人只能一生平庸、碌碌无为。

很多伟大的思想与伟大的行为来源于已婚的头脑。

当你看见一个伟大之人在人生舞台上大展抱负时，你会在视线中，或在角落里发现一位伟大的女性。看看历史吧！

单单一个男人只是一半之人，只有两个人才是完整的一体。

思想是两个人共同的产物。

生活中不曾，也不可能时时都有不凡的事情发生。任何杰出的男性一天中只有两个小时是杰出的，这些杰出的时刻是例外。所有人的生活都一样。我们必须吃饭、呼吸、睡觉、运动、洗澡、穿衣、系鞋带。我们必须友善对待家人，与朋友和谐相处，该说话的时候说话，该沉默的时候沉默。

友好交往——与善良的人们在同一屋檐下友好相处——既不能太精明又不能太机灵。男人不会爱上无法分担生活重担的女人。他会帮助她几周，或几年，但是如果他看不到对方帮助自己的意向和能力，她在他心目中的位置会下降。男人和女人必须并肩前进。杰出男性依赖一位女性，他越伟大，对她的需要越强烈。

杰出男性心目中的妻子应该是密友、同伴，可以与之倾诉的“好伙计”，可以将自己的想法、猜测、希望放心地告诉她，即使在她面前展现傻傻的一面也无妨——他可以毫不掩饰自己的天性。如果她一直都愚蠢，他则必须变得聪明，这会害了两个人。甘愿忍受是逐渐瓦解，被迫忍受则是死亡。

罗伯特·路易斯曾写过他口中的“魅力女人”。但是即使文字功力像他一样深厚，也无法完全描绘出那举止之间的魅力——无论对方是达官贵人还是平民白丁、腰缠万贯还是穷困潦倒、高大挺拔还是矮小瘦弱，她那优雅得体的气质都令他们获益匪浅，心旷神怡。

花甲之年的埃伦·泰莉[①]拥有这般气质。相貌平平的杜丝[②]托腮看你，聆听你的一言一语，这种专注的神情也令人深深着迷，仿佛重回往昔的快乐时光。

我们都渴望玩伴。如果一个女人貌美如花，我敢说，除非她无法忘记外表，否则这并非缺点。但是外表的平凡无法掩盖举止的魅力、真诚，也抹不去成为一个能干主妇和崇高母亲的能力。

杰出男性需要一位才智相当的女性。一唱，必须有一和。

这才是完美！

* * *

自信是勤奋与专注的结果。我希望叙述得清晰明了：专注是快乐且有价值的努力结果，勤奋也是。还有一点我也希望叙述得清晰明了：勤奋是首要品质，人们必须间或放松，在玩耍中得到休息——像孩子一样——奔跑、嬉闹、在花园里挖土、锯木头——好好放松一番。当你发现工作带给你无限的欢乐，你乐在其中，专注精力，此时自信自然来到。那时你已经驾轻就熟了。

罗伯特·路易斯·史蒂文森说过："我知道乐趣是什么，因为我出色地完成了工作。"自信的诀窍在于：出色地完成工作。

爱默生说过："事情得以完成后，勇气才会出现。"

出色完成工作的人无须自证、道歉或解释——他的工作自会说明一切。

---

① 英国女演员。

② 意大利女演员。

即使无人欣赏，完成工作之人也会感到巨大的快乐。他放松、微笑、休息，盼望着明天继续工作，并且更上一层楼。

对于出色完成工作的我们，上天赐予的最高奖赏是精益求精的能力。停滞意味着退步。

因此我们懂得了这条规则：在某时做某事，以此获得并提高体力与脑力，在疲乏时停止工作。在从事脑力工作时，与稍稍超过你的人保持一致。

成功的快乐与满足——克服障碍，获得经验，掌握曾经认为困难的细节发展成了一种习惯，并且带来专注。勤奋与专注在性格中相互融合，即成为自信。

勤奋、专注、自信，三者合一，其结果便是精湛的技艺。

*　　　　*　　　　*

如果我是雇员，我绝不会谈及薪水。我会专注于自己的工作，认真完成它。能够忍耐的人才能成功。我不会拿不合时宜的提议烦扰雇主。我会还他一片宁静，减轻他的负担。

就个人而言，除非有必要，我不会吹嘘自己的表现——我拿工作成绩说话。

肯干的员工不断前进，使自己成为企业不可或缺的一部分——绝不增加上司的负担——这样的员工迟早会得到自己应得的，甚至更多。他不仅能获得薪水，还将因耐心和勇气获得额外的奖赏。这便是世界的规则。

*　　　　*　　　　*

忠诚是一种品质，促进人们对理解的事情抱以真实的态度。它意味着明确的方向和牢固不变的目标。

忠诚带来力量、镇静、决心、稳定，为健康和成功努力。

忠诚者，得天助。

如果你粗心大意、散漫懒惰、漠不关心，大自然会认为你只想做个碌碌无为之人，并且成全你的梦想。

在某种意义上，忠诚就是爱，因为它是吸引力的一种形式。

优柔寡断是一种病态，是缺乏忠诚的表现。

人类头脑就像分成若干小块的大片土地。这片脑力的土地由语言、商务、教育、爱、艺术、音乐、工作及玩乐组成——每一小块都有单独的主题——又被划分成若干部分。

对某些部分，人们有着虔诚、忠诚的兴趣，对其他部分则保持中立或漠不关心。没有人对人生的所有部分抱以同样的忠诚，如果一个人对某一部分绝对忠诚，那么他会在那一部分中完成出色的任务。如果能对几部分同样忠诚，那么他就是天才。对越多有价值之事忠诚，你就越伟大。不忠诚比背叛更普遍、更常见。不忠诚仅仅是指不关心。

成功的艺术家都忠于自己的艺术。“一事欺骗、事事欺骗”的格言本身就是一句虚假的陈词滥调。格莱斯顿[①]忠诚地处理国内事务，是一位忠诚的政治家，所有成功人士都对某事抱以坚定、永恒、不屈不挠的忠诚，最终才能赢得胜利。

拜伦[②]与大盗巴拉巴达成协议，但他却从未写下一行混乱马虎的诗词，也没有接受贿赂写诗。他具有“艺术家的良知”。

米开朗基罗始终忠于艺术，因此他为之工作的 6 位教皇全都亲吻他的脚趾。也正因如此，我们才亲吻他的“脚趾”。

---

① 英国政治领导人，曾作为自由党人 4 次担任首相。

② 英国浪漫主义诗人。

成功依靠忠诚。对艺术忠诚、对工作忠诚、对雇主忠诚、对家人忠诚。放荡度日是自取灭亡。

俗话说“爱情与战争是不择手段的”。对于战争或许如此，但是爱情则另当别论。爱情以信任为基础，打破信任的人不仅损害了自己的道德，也击碎了爱情。

忠诚是为忠诚之人准备的。忠诚是一种品质，由人的良好本性构成，缺一不可。忠诚使你完成忠于之事，背叛则将其赶走。是否有人知道你的背叛无关轻重，真正重要的是它会对你自身造成影响！

*　　　*　　　*

托马斯·德·昆西[①]被安从绝望与死亡的边缘拯救回来。此后整整 50 年里，德·昆西一直寻找着安。有人说其实他寻找的是自己心目中的理想，只不过他将其称为“安”，然而这种说法十分牵强。

缪塞[②]翻译了德·昆西的名作《一个瘾君子的自白》，将安描述为一个传统的上流社会美女，以免吓坏普通人。

有抱负的人们会穷尽一生去奋斗，或许在不知不觉中，他们也会去追寻理想女性——她的灵魂将弥补他的灵魂的缺陷。他感觉到自己的弱点、不足，他明白自己只是半个人，只有找到她——他的另一半——才会变成上帝创造的整体。

因此，但丁苦苦找寻，德·昆西苦苦找寻，勒加林[③]在其作品《金色女孩的探询》中苦苦找寻。勒加林找到了她——金色女孩——就在德·昆西找到安的地方，他也找到了属于自己的她。

---

① 英国作家，因其自传《一个瘾君子的自白》出名。

② 法国作家，法国浪漫主义诗人。

③ 英国作家。

安不是吸血鬼，金色女孩也不是，她们都是善解人意的女人。有善解人意的大脑和自愿的心，她们给予坚强的男性以生命和渐渐愈合的灵魂，而非吸干他心脏的血液。

* * *

塞缪尔·M. 琼斯 4 次当选托莱多市[①] 市长。即使民主党和共和党携手推举一名候选人，企图击败这位“金箴之人”，琼斯依然稳操胜券。他曾经竞选俄亥俄州州长，却以失败告终。能在自己的城市获胜，原因在于他受到穷人、普通人的拥戴。他的一半选票来自穷苦大众，这一点不容否认。穷苦大众相信他。对琼斯而言，我们或多或少都身陷贫困，那些声称触及阳光的人其实并非如此。

塞缪尔·M. 琼斯计划由政府出资修建一个舒适安全的场所——为辛劳的劳动妇女准备的会所——并且有称职的女看护负责，女工可以放心地把孩子放在这里。

煽动政治家们大感意外，极力反对——“带孩子的女工与我们何干？”他们语带委屈地问道。来不及等待这种难题的回答，他们开始谈论受压迫的纳税人。

琼斯称，如果城市能够建立关押小偷和流氓的豪华场所，并且提供三餐和照顾，那么这座城市也应该为贫穷妇女提供一处能够照料孩子的场所。

琼斯对残酷、不公、贫穷、悲惨并不只是单纯的同情，甚至承认这些是老掉牙的事情。在我与他的几次接触中，我发现他挂在嘴边的是法则，而非人们；是事情，而非个体。这种特点彰显了伟大。“他常常谈起某事，而非某人。”

① 美国俄亥俄州埃丽湖边的一座城市。

赫胥黎[1]在献给达尔文的颂词中这样写道。

塞缪尔·M. 琼斯的字典里没有对死神的恐惧。在他眼里，死神只是一位交付者，他常常将生命视为一名将我们囚禁的狱卒。这种观点并不能带来长寿——对旧日的怀恋之情无法延年益寿。这是一种啃啮身心的狂热。

我曾听他反复引用比彻[2]的话:“当我离开人世，别在家里摆放绉绸——它是阴郁的象征。请在门上挂一篮鲜花，代表着灵魂穿越死亡，获得新生。”他再一次引用《第十二夜》[3]中的话语:“你真傻，小姐，既然你哥哥的灵魂已在天国，何来悲伤？”

塞缪尔·M. 琼斯乐于为同胞奉献一生——他怜惜自己的同类，如同母亲怜惜自己的孩子。

① 英国生物学家、作家。

② 美国牧师、热情的传道士、不激进的加尔文派神学家和坚定的废奴主义者。

③ 莎士比亚名作。

（七）独立之人格，自由之思想

哲学家切德·莫赞德说过："人们是神圣生命的独立一分子。"行星脱离太阳的约束，暂时按自己的轨道运行，终将回归其发源地。人类是孤独的生物。人们在心底渴望得到怜悯，渴望有人陪伴。颠沛流离的动荡生活只是一种自我寻找。达·芬奇认为，对动物之爱是同样渴望的一种表现。不知不觉中，人们常常转向马匹、狗，在它们身上找到了与自己天性相配的一部分，这在同类身上是找不到的。因此心智最为健全的人——达·芬奇看不到人类"神圣"生活与野兽"神圣"生活的差异。

很久以前，一个意大利人带着忠心耿耿的狗穿过田地。突然一个祈祷浮现在他的脑海之中，祈祷他对上帝的忠诚与无私同于狗对他的忠诚与无私。他将此想法告诉其他人，大家一拍即合，组成一个名为"主之猎犬"的团体，很快正式命名为道明会，该教会至今依然存在。我想强调一点，道明会最初并非源于绝望，而是源于忠诚。

动物不会对你有所求。它的感情与忠诚是彻底的、纯粹的。它没有邪恶的动机，毫无隐瞒。生气勃勃的骏马载着我翻山越岭，哪怕只是我的一个最微不足道的心愿，它也会全力以赴地完成，带给我人类无法带来的轻松惬意。当我丢下狗时，它会可怜地叫个不停，只求和我靠近；它跑到前头，然后汪汪地叫着，满心欢喜地摇晃身体，似乎在等待我对它的夸奖。我精神一振，感谢生命与健康，感谢宇宙中有智慧的一切生物。

*　　　　*　　　　*

组织中的第一要求是主动。主动是将想象付诸实践。主动不仅仅代表正确之事，具有主动性的人能够成功执行既定计划。明智的监管是一种难得的才能。十分之九的人根本不具备这一才能。只有万分之一的人才出色发挥这一才能。

汉弗莱·戴维[①]爵士说过自己的最佳发现是迈克尔·法拉第[②]。唐纳德·G. 史密斯，即斯川斯科那爵士说过自己其中一项伟大成就是发掘了詹姆斯·J. 希尔[③]。安德鲁·卡内基[④]使查尔斯·M. 施瓦布[⑤]成就了钢铁王国。施瓦布每周六晚上要分发 17000 个薪水袋。

聪慧地提高主动性是必不可少的。损害主动性意味着破坏文明。

对新任务的规划能力，合理地组织大量人员，运用大量物资是一项远比计算能力更加宝贵的才能。

富有主动性的人必须按照自己的方法认真执行自己的计划。减少自由也就折断了羽翼，枯萎了想象力。

潜在的主动性无法估量。伟大之人永远惊讶于自己取得的成就。

*　　　　*　　　　*

文明社会是人与物质资料的组织。文明社会设计铁路、修建工厂、购置机器、培训人员操作机器，将原材料转变为实用的日用品。

---

① 英国化学家，电化学的创始人。

② 英国物理学、化学家。

③ 美国铁路大王，修筑了北方大铁路。

④ 苏格兰裔美国工业家、慈善家。

⑤ 钢铁大亨。

人与物质资料被规划组织，用于生活必需品的生产、分配、运输。

运输是文明的第一重要因素。原始人捕杀动物，采摘鲜蔬果就能满足对食物的需求。保存、包装、运输、分销是他们能力所不及的。

原始人或许种植，或许饲养有限的家禽，却不会运输，直至人们被组织起来进行安全的运输，饥荒才得以避免。

人与物质资料必须流动，才能体现巨大的价值。

* * *

如今管理公共事业公司的人都意识到了合作的必要性。只有得到该地区最优秀人员的支持，公共事业才能蒸蒸日上。公共事业是一项永恒的事业，是推动力，将所有事业发展顺利的人士联合起来，其经济优势在于能够利用当地企业为社区提供优质、重要的服务，能够吸收上千城镇的资源，集中在最能发挥作用的几处加以利用。

* * *

有几家大型机构从未培育出重要人物。很多商店都倾向于扼制创意。得到彻底保护的坚强之人必须从外面引进。

如果有人提出新观念，他将面对所有人的嘲笑。

太多的原则扼杀了个性。平庸即规则。

大企业家马歇尔·菲尔德[①] 发现了潜力无限的天才，当他们提高销量时，他会给予一定的酬劳金，由此培养了几个大人物。

① 美国商人，创建了马歇尔公司，该公司是 19 世纪末最大的干货批发及零售企业。

至少有10位百万富翁曾是领取普通薪水的马歇尔·菲尔德公司职员。

在适当的奖励条件下，人们的能力才得以激发。

如果詹姆斯·J. 希尔一直固守薪水，他永远也无法进步，更不会名扬天下。完整且自由的领域以及机遇令爱迪生充分发挥才智，并且为他带来百万财产。

* * *

伟大的工业领导者安排大量人员工作。他们计划并且执行合理的工程方案。他们将大批原材料制造成兼具实用与美观的产品。

这些组织为上百万人提供工作岗位。这些工作，加上丰厚的薪资使繁荣兴旺成为可能。

反对富有主动性的人是在阻碍薪金总额。

事实上，这种不受控制的能力正逐渐变成一种专制。因此，对大型企业的监管不可或缺。但是这种监管必须合理得当，不能变质为盘查。它应该完全独立于政党之外，否则公司将承担政党职责，贪污受贿的公务员会层出不穷。

如今工业领导者们明白，只有帮助他人，才能自助。仅仅为某一人工作对任何企业而言都是毁灭性的。

但是自由地出售劳动，不管是集体还是个人，必须得到许可，否则我们就变成只乘出租车，从不工作的工会代表。

就这样，专制一直存在，因为大部分专业的改革者都是戴着假胡子的专制者。

*　　*　　*

不能假定少量金钱能使其拥有者涌起对同伴的美好回忆。但是为了事实，我要讲述一件可以启发这个话题的趣事。

一位来自孟菲斯市负责学院安排工作的年轻女人在与我们共事的时候发现了在此处工作的阿里巴巴，并对他产生了浓厚的兴趣。博爱的她觉得为这位老人开一个银行账户是个不错的选择，可以促使他养成节俭的习惯。于是她征求阿里巴巴的意见。阿里巴巴没有反对，只是说自己已经有了布法罗伊利郡储蓄银行的存折。年轻女人有几分惊讶，以为是其他好心人在她之前做了同样的好事。她先是祝贺阿里巴巴拥有存折，然后说如果他愿意将存折交给自己，她和其他人会往存折存入一些钱。第二天，阿里巴巴把存折交到她手中，她发现存折的余额竟然为 2385.5 美元。

这位善良的年轻女子的错误在于她将阿里巴巴实则健康的砖灰色皮肤误以为是酗酒的结果，将他那破旧的帽子、打着补丁的裤子、古怪的外套视为贫穷的标志。事实上，阿里巴巴的脸色是充分呼吸新鲜空气的结果，表示血液中的含铁量——红血球充足。破旧的衣着只能说明此人异常节俭。

*　　*　　*

旅行可以拓展眼界，转换视角，是其他活动不能代替的。

人们很容易想起出生于哥尼斯堡的伊曼纽尔·康德[①]。他一生从未到过这座城市 10 英里之外的地方，但是这个事例不能说明问题，因为像他这样的例外，实在是凤毛麟角。

① 德国唯心主义哲学家。

在旅行中，我们甩掉冲动、奇思、偏见、恐惧。

在旅行中，我们为理想注入生机。

旅行、运输、交通——事物与想法的传播者——都是为了民族的团结。村民只对自己村里的事情感兴趣，必然会四处闲聊，无所事事。

伊曼纽尔·康德住在一个城镇里，但他既不是村民也不是乡巴佬。他的思想天马行空，不仅徜徉于世界，更翱翔于宇宙之中。他那强大的想象力令他坐在家中便能环游最远的行星。他虽身在哥尼斯堡，灵魂却自由穿梭于宇宙间，畅游银河系。很少有人能够坐在舒适的安乐椅上完成一次旅行。我们必须亲眼所见、亲身所感、亲手所摸，与事物有所接触才能印象深刻。

旅行是伟大的教师，但是我奉劝各位，不管做环球旅行、穿越大陆，还是去华盛顿、尼亚加拉瀑布、东奥罗拉，甚至只是去邻近城镇，返家时别忘了看看窗外的风景。

*　　　　*　　　　*

有人曾说过："人类是上帝最杰出的作品。"但是这话只有人类说过。蜜蜂能做人类无法做到的事情，它们明白这些事情人类永远无法做到。夏天，一只蜂王产卵几十万个。每天它的产卵重量是自身重量的两倍。孵化阶段，蜂卵十分相似。到了喂食阶段，幼虫变得不一样了，分成雄蜂、工蜂、蜂王。

经过 3 天的孵化后，保育蜂开始给幼虫喂食，然而这些保育蜂也刚刚出生不到 16 天。它们的头部腺体可分泌乳液，喂养幼虫。

当长到第 16 天时，蜜蜂成年了，该工作了。工蜂的平均寿命只有短短 45 天。它们一直工作至死，除非冬天来临，它们才能活到第 2 年。

一个蜂巢里有 5 万余只蜜蜂，其中约 35000 只工蜂、15000 只保育蜂或筑巢蜂，以及600只雄蜂与1只蜂王。蜂王通常的寿命是5年，雄蜂却活不过冬天。一旦进入冬季，鲜花枯萎凋零，蜜蜂便开始了“大屠杀”，杀死所有雄蜂。雄蜂没有螯针，只有蜂王与工蜂才有。工蜂是雌性的，是未发育完全的蜂王。

当蜂巢过于拥挤时，蜜蜂会成群飞离蜂巢，蜂王带领年长的蜜蜂飞走。一旦老蜂王离开，剩下的蜜蜂将立刻培育出一个新蜂王。

蜜蜂是极有秩序、爱整洁的一种动物。蜂巢入口处有专门的“检查员”蜜蜂，检查从户外飞回的蜜蜂是否采集到了大量花蜜。如果蜜蜂采集的花蜜较少，通常检查员会让它折返。雄蜂在工作中发出嗡嗡声，迎着阳光，在蜂巢附近飞来飞去，注视着蜂王。工蜂不喜欢雄蜂，如果雄蜂太过“寻欢作乐”，它们在大屠杀之前也会杀死大量雄蜂。蜜蜂几乎不会死在蜂巢里，如果有蜜蜂死在蜂巢里，则意味着整个蜂巢的衰败。蜜蜂细心认真地清理蜂巢里的尘土，如果有昆虫或老鼠闯入，它们会立刻消灭入侵者。如果尸体太大，无法搬出蜂巢，它们会将其掩盖，封入蜂胶之中。

如果有足够适当的花朵，一个有35000只工蜂的蜂巢通常每天会生产20磅蜂蜜。一只蜜蜂一天要光顾至少300朵鲜花，只为采集少量花蜜。

蜂蜡是蜜蜂体内的一种分泌物，花蜜则是它们从花朵上获得的。花蜜的用途是吸引昆虫采集花粉，将其传播至其他花朵上。因此除了采集花蜜，蜜蜂还在花朵的受精过程中扮演着至关重要的角色。事实上，如果没有蜜蜂，白花三叶草无法存活，如果没有白花三叶草，蜜蜂也无法酿出最好的蜂蜜。大自然就是这样生生不息。

为了完成工作，大自然对人类、鸟类与蜜蜂施用了诡计。自然如运用蜜蜂一样运用人类。人类始终得意扬扬，自以为利用了自然。但是自然一言不发——只是低调工作，人类只能猜测最后的结局。

*　　　　*　　　　*

囚牢的铁窗中有人扔出一朵凋谢的花，落在路过的一位女人脚边。

她是夜晚的生物，属于所有，也一无所属，她的家狭小简陋，如活在地狱一般——一个她自己准备的地狱。

曾几何时，她的追求者无数，她集万千宠爱于一身：身边全是奉承与赞美之声，黄金、绫罗绸缎数不胜数，空气中弥漫着香水的味道，桌上堆满花束，男仆在门口随时待命。庄园、愉悦的晚餐、钻石、珍珠——不费吹灰之力便应有尽有，这就是她的目标。

她感觉空虚寂寞。在稍纵即逝、永不再有的光芒与魅力之后，必然是抛弃、远离、死亡。

如今，她呼吸的只有地狱般的硫黄气味，用寥寥几个银币换取令自己暂时忘却一切的麻醉药。

眼睛充血、头发蓬乱、口干舌燥的她急匆匆地走着。在刺骨的寒风中，她拉了拉破旧的披肩，紧紧包裹着早已冻僵的身体，一头冲进巷子里。

花朵正好落在她的脚边。

她停住脚步，左右看看，见四下没人，便把花朵捡了起来——是的，这是一朵风信子花饰。她抬头看看花被扔出的地方，那么高，她觉得自己看见铁窗里伸出了一只手。

有人向她挥手——向她挥手。会是谁呢？曾想念她的某人——曾送花给她的某人！

她用手轻抚双眼，再向上面仔细看看。

可是这一次她什么也没看见，只有一堵高高的监狱围墙，突出的石头，带格栅的铁窗，一层层的石头。

她将花别在胸前，忘了要去何处，于是转身匆匆地回到称为家的陋室。

有人向她扔了一朵花，不是鲜花布道团里散发传单、给人建议、以恩人自居的女性手中的鲜花，而是一个身陷囹圄的、与自己一样羞耻的男人手中的花朵。他把花扔给了她。在她心里，“他”又会是谁呢？

哎，她自己也说不清。一年又一年，几个世纪以前，当她围着围裙，与父母、兄弟姐妹住在乡下时，她梦见了他，他走到她面前，深爱着她，给她自由。

同样的梦又回来了——是他。他将她从行尸走肉的身体中解救出来。他向她抛掷花朵。他身陷困境。她该如何帮助他？

她是女人，一个年轻的女人。上帝赐予她生命，她有爱的权利，有温柔的权利，有做母亲、拥有一个家的权利。质疑的寒风无法扑灭永恒的火焰——她爱着理想中的人。

这便是她的痛苦、她的耻辱、她的王冠。幻象不会消失，她祈祷、等待、渴望被爱。

他向她抛掷花朵。刑满出狱后，他将来到她身边，将她带走。他们将远离生命的恐惧，回到乡村，如鸟儿般搭建一个属于自己的小窝。

有人向她抛掷花朵。她属于他，只属于他。这些年来她一直爱着他。她默默地等待他。上天知道她曾犯过错，但是上天也知道，她的心是纯洁的。

有人向她抛掷花朵。她心目中的理想渐渐复苏——曾经她以为理想已经枯萎、死去，随着自己的罪孽消失。

然而角落处还有一丝光明。她希望为了某人补赎、拯救、净化自我，变成善良、有用之人。

悔悟之心如转动的行星一样坚定、可靠。心中的渴望如恒星——云彩虽模糊，但只要静静等待，你会看见光明。

灵魂中有一些东西是永远不灭的。

有人向这个女人抛掷花朵，这小小的幸福点燃了她的心。她仿佛看见一座村舍，明亮又温馨；水壶在炉火上唱着歌；桌上已经准备好了他的晚餐，虽然他还未下班回家——他们的家；她注视着角落的摇篮，轻声哼着摇篮曲，哄婴儿入睡。

有人向她抛掷花朵。在最可怕的阴暗中，在被抛弃的恐惧中，在最阴森的小道上，在永不见天日的昏暗囚牢中，在严苛的法官面前，在警察的逼视下，在错综复杂的陷阱下，在恐惧和最黑暗的混乱夜晚，还有一丝光亮，它渐渐变为一团火焰。你认为那会是什么？

是爱！是理想！地狱也无法将其掩埋。

有人向她抛掷花朵。

*　　　*　　　*

有一种精神方面的疾病叫作妄想症。其主要症状是认为有人密谋要对自己不利。

久而久之，这种想法滋生了疾病。我们开始信以为真，开始寻找证据。这种想法一旦在脑海中生根，人们就会发现敌人，即使毫无理由，也对此深信不疑。

认为有人对自己心怀恨意的人将被人仇恨，强烈地仇恨。

恨意会传染人。

认为某人对自己怀恨在心的人在这种情绪的影响下，自然也是不可爱的。

爱只能以爱回应。

早期的妄想症表现为猜忌、怀疑、嫉妒。严重的妄想症表现为明显的幻觉、试图报复，甚至夺走根本不在乎的人的生命。

所有警长都对妄想症的阶段表现了如指掌。目不转睛、额头上的冷汗意味着要求保护，以免被跟踪的假想敌所伤害。

心理学家能够回顾妄想症的过去，找到疾病最初不信任与怀疑的萌芽。

歌德说过："我在心中种下每个罪恶的种子。"因此我们都是潜在的妄想狂。纵容邪恶的想法无异于为罪恶的种子提供沃土。

如果有人在无意中伤害了我，我非常愿意原谅他。如果我觉得他是故意为之，则会反抗。这取决于我，而不是他。我的精神状态控制着整个情况——是动武还是和平。如果我们思考错误，便会无中生有，凭空增加恨意。

接着，如果我们将错误的意图归咎于他人，当然他们也能归咎于我们。但我们明白，到最后，我们最希望的还是被爱、被信任。如果我们不受保护，将恶意归咎于我们的人能够通过错误的想法控制我们，使我们不被爱。在某些身体状况下，人们的恨意会减少。我认识一个人，他对所有人的恨意止于上午 10 点左右。到了中午，他变得相当随和、平易近人，晚饭后 1 个多小时，他通常格外友善、大方。

世上的邪恶与不公是否随着时间与身体状况而改变？我们无所畏惧，除了灾祸。对灾祸的恐惧即使不是全部，在很大程度上也是一种疾病，一种极其愚蠢的想法。

从以上事例当中，我发现所有人都是自己世界的创造者。更重要的是，所有人都是自我形象的塑造者。如果没有邪恶的想法，世界上也就没有罪恶。消灭邪恶的想法，世界上的罪恶将不复存在。

邪恶的想法源于恐惧。作为一种疾病的妄想症是恐惧的直接结果——我们畏惧加害自己的人，于是有了恨意，因此出现了懦夫。

恐惧影响了血液循环，甚至有时令血液循环永远停止，心脏也立刻停止跳动。不健康的血液循环对各个器官都造成了影响，其中受害最严重的是消化器官。不健全的消化器官立刻作用于大脑。不健全的消化器官意味着不健全的思想。

我们接受他人的治疗在很大程度上是我们对待他们的心态的反应。

当他思考时，他就是他。

勿怀揣恶意思考。

* * *

让我们诚实做人——嫉妒之人往往是自责最深之人。

每个灵魂都有一个中心，他人的错误——妻子、儿子、丈夫、父母的蠢事都与我们无关。我们是独立的个体——孤单来到世界，孤单生活，孤单死去。我们必须懂得，不能用他人的错误惩罚自己。

我相信嫉妒之人首先是有罪之人。有果必有因。在不信任之前，必然会出现冷漠、掩藏、厌恶、忽视。

不信任的根源在于自私。

嫉妒之人常常自认为受到不公的待遇——满脑子全是自己的事情。他给别人取的绰号往往用在自己身上最恰如其分。他日夜死守着自己的不幸，对每一位仁慈的过路人诉苦。他在意的只有自己。

回顾过去，你会发现他今天的不信任完全是源于自己无休止的抱怨。

没人能伤害你，除了你自己。嫉妒是散播于黑暗中的烦恼种子结出的带刺果实。善妒的人比其他人承受更多生活的痛苦，也比其他人体验更多死亡的恐惧。

请别让我们愚蠢地挑起纷争，以免收获痛苦的眼泪。

工作漫不经心、粗心大意、缺乏热情似乎已成常态；没有人能够成功，除非不择手段或威逼利诱强迫他人帮忙。

你可以就此做个试验：坐在办公室里，有6名职员等待你安排任务。你叫来其中一名，对他说："请帮我查一查百科全书，做一篇关于克里吉奥的生平摘要。"

他会静静地说："好的，先生。"可是他会照办吗？我敢说他绝对不会，他会用死鱼般的眼睛盯着你，向你提出一个或数个问题：他是谁？哪套百科全书？百科全书放在哪儿？这是我的工作吗？你说的不是俾斯麦吗？为什么不叫乔治去做呢？他死了吗？急不急？需不需要我把书拿过来，你自己查？你为什么要查他？

我敢跟你打赌，在你回答完所有问题、解释了如何查资料以及查找的理由之后，这个职员会离开，吩咐另一个职员帮他"寻找加西亚"，然后回来告诉你，没有这样一个人。当然，我可能会赌输，但是根据平均定律，我不会输。因此，如果你足够聪明，你就不必费神地对你的"助理"解释克里吉奥编在什么门类。你会微笑着说："没关系。"然后自己去查。如果人们不能为了自己而自主行动，又怎么可能心甘情愿地为他人服务呢？

从表面上看，公司有许多可以委以任务的人选；很多人担心被炒鱿鱼，周六晚上仍然留在办公室加班。可是如果刊登广告招聘一名速记员，应聘者中90%的人不会拼写，也不会运用标点符号，他们甚至认为这些无关紧要。

这种人能够写出一封致加西亚的信吗？

"你看看那个速记员。"一家大工厂的主管对我说。

"我看到了，他怎么样？"

“他是个很好的会计。如果我让他去城里办个小差事，他可能会完成任务，也可能在途中走进酒吧，等到了市区，说不定他根本忘记了自己是来干什么的。”

你能把给加西亚送信的任务交给这种人吗？

近年来，我们听到许多人对“在苦力工厂工作的可怜人”和“为了寻找一份好工作而频繁跳槽的人”表示同情，对权力在握的人们倍加责难。但是从来没有人提到，逐渐老去的雇主们白费了多少时间和精力去促使那些不求上进的懒虫们勤奋起来，开动脑子完成工作，取得进展；也没有人提到，雇主们持久且耐心地期待那些当他一转身就敷衍了事、游手好闲的员工能够振奋起来。

在每家商店和工厂，都有一些常规性的淘汰整顿工作。雇主们经常送走对公司无所助益的员工，同时也接纳一些新成员。不论有多忙，这种淘汰整顿工作都要进行。只有当经济不景气、就业机会难求的时候，这项工作才会有明显的成效——不能胜任、没有才能的人被公司拒之门外，最能干的人被保留下来。这是优胜劣汰的机制。雇主们为了自己的利益，只会保留最佳职员——能“把信送给加西亚”的人。

我认识一个虽才华横溢，却缺乏独自经营企业的能力，并且对他人没有丝毫价值的人，因为他总是偏执地怀疑雇主在压榨他，或有压榨他的倾向。他没有能力指挥他人，也不愿听他人指挥。如果你要他“把信送给加西亚”，他的回答很可能是：“你自己去吧！”

今晚他走在街上，四处寻找工作，寒风吹进他破旧的大衣里。认识他的人谁也不敢雇用他，因为他处处挑剔，事事不满，蛮不讲理，唯一能让他喜欢的是九号厚底靴的脚尖部分。

当然，我知道像这种道德不健全的人比肢体残缺的人更不值得同情；对于那些用毕生精力去经营一个大型企业的人，我们应该掬一把同情泪：下班的铃声不能使他们放下手头的工作，他们因为承担那些漫不经心、马虎大意、不知感激的员工的工作而白发渐增。那些员工从来不曾想想，如果没有雇主们辛勤的付出，他们是否将挨饿，是否将无家可归？

我曾经为了衣食为他人工作，也曾经当过雇员的老板，深知其中的酸甜苦辣。贫穷本身并无优越之处，衣衫褴褛更不值得骄傲，并非所有雇主都是唯利是图之人，压榨员工无所不用其极。我敬佩的是那些不论老板在不在场都认真工作的人。当你交给他一封送给加西亚的信时，他会立刻接受任务，不会问任何愚蠢的问题，更不会把信随手扔到最近的水沟里，而是全力以赴地把信送到。这样的人永远不会被解雇。

文明，就是孜孜不倦地寻找这种人的漫长过程。这样的人无论提什么要求，都会被满足。每座城市、乡镇、村庄以及每个办公室、商店、工厂，都需要这样的人。世界呼唤这样的人，急需能够把信送给加西亚的人。

*　　*　　*

爱默生曾写道：“社会联合起来对付所有社会成员。”部落之间彼此仇恨，国与国之间爆发战争，每个人的心中都对他人充满不信任。猜忌、仇恨、嫉妒、忧惧——各种形式的恐惧——占据人们内心。翻开发行量最大的报纸，上面充斥着各种不堪、毁灭、死亡的故事。如果你感觉快乐，这消息只会无声无息地消失；如果你注定饱尝悲恸、哀伤、羞耻与希望的滋味，电话线将消息迅速传遍各个大陆，显眼的标题向人们讲述着素不相识的他人的故事。

所有一切都证明，听闻他人的败落会让相当一部分人心满意足——得知他人身陷灾祸会让人们得到满足感。报纸投其所好，刊登人们想看的内容，因此野蛮人仍然挥舞着棍棒和长矛。

清晨，在任何城市里开车，或乘坐任意一辆郊区火车，随处可见人们急切抓起当天日报的身影，且看流言蜚语是如何产生的！

只要人们以击败他人为傲，这块所谓的基督徒大陆便名不副实。

部落之间联合团结，互相保护，大批民众承认人与人之间应该团结——不仅在行为上，还要在思想上——这样才能互惠互利。

抛弃恐惧，你将得偿所愿。

*　　　　*　　　　*

自然创造了苹果树，但是如果没有人们的帮助，它不可能结出苹果。

自然创造了人类，但是假若人类无法自我照顾，他将永远无法进化为大师，只能当种植欧洲苹果树的农夫。

因此自然要求人类与其合作。当然，我完全承认人类是自然更高层次的表现形式。

时间短暂飞逝，因此弥足珍贵。如果生命没有尽头，我们将一无所成。永恒的生命令人惊骇恐惧。没有尽头的一天意味着没有休息的黑夜。死亡是一种改变，是生命的一种形式。我们更好地生活，朝着真理、正义、美好的方向前进，因为这意味着时间与快乐的延续。

我们工作，因为生命短暂，在工作中我们得以发展进化。大师是明智工作、惯于相信自己的人。人们的强大与他们说“不”，并且坚持说“不”的能力成正比。回望自己的人生——何事令你最担忧、最疲惫、最恼怒、最痛苦，失去最多？难道不是因为你在某些时候无法说“不”，无法坚持说“不”吗？

缺乏说“不”的能力源于自信的缺乏。你过于在意他人的看法，却忽视了自己内心的声音。事实上，优秀人士的真知灼见来自你口中的“不”，而非软弱地向与己无关的事情低头。

培养自信，学习说“不”。这是做人的重要一环，更是成为大师的关键所在——让我们做自己的主人。

*　　　*　　　*

我们一直在发现各种各样的事情。最近我们发现变老是一个坏习惯。认为自己老去的人和退休的人很快将离开人世。这样的人对于大自然已无价值，因此大自然依从他的心愿，让他离开，离开人世。

另外一件相当奇怪的事情是，对死亡的恐惧竟然是年轻人的专利；因工作保持健康的人，脚踏实地过好每一天的人，不到万不得已不烦扰他人的人，全力以赴完成每项任务的人，对一切有益的事情保持兴趣的人，这样的人无畏死亡。“生亦何欢，死亦何惧”，这样的人往往是长寿之人。

*　　　*　　　*

适宜的脑力工作能够极大地刺激身体活力——诞生优秀的思想，并且谨慎地付诸实践，为其设计新的词汇，这实在是一种巨大的愉悦。

我曾在爱默生学院遇见当时已 83 岁高龄的奥利弗·温德尔·霍姆斯。当然他受到了所有人的爱戴和欢迎。他解释说自己刚刚处理完事务，或许会进入学院当一名学生，证明自己的记忆力不输年轻人，“是否曾经有老人和孩子们打成一片呢？”

霍姆斯彻底享受着生活，他对过去心满意足，充满感激，努力工作，充实现在的生活。

脑力锻炼与体力锻炼同样必不可少。了解自我，兼顾各种工作的人会在生活中发现源源不断的快乐和热情。梭伦[①]、索福克勒斯[②]、品达[③]、阿那克里翁[④]、色诺芬[⑤]都是80岁以上的老人，直到生命的最后一刻仍挑战不凡的工作。歌德去世后，医生在检查遗体时饱含热泪地说道："这是一具希腊之神的身体。"在这具英雄的身体上，没有损耗、没有萎缩，也没有衰老的迹象。米开朗基罗在89岁高龄时写下爱的十四行诗，提香最后的祈祷是完成一幅壁画。

85岁的英国作家沃尔特·萨维奇·兰多写下的最有名的作品是《想象对话》，描述伯里克利与阿斯帕齐娅的爱情；英国作家以萨克·沃尔顿在90岁时写出了著名的小说；98岁的法国科学作家丰特奈尔仍然保持着40岁时的快乐心境；95岁的威尼斯贵族科尔纳罗的身体和30岁时一样健康；政治家西蒙·卡梅伦在90岁高龄时仍在调查岛屿的资源。

*　　　　*　　　　*

我将以下的18条观点贴在每所大学的布告栏和每个教堂的门上，并且做好6天6夜与来者公开辩论的准备——大学校长与传教士优先。

一、教育无止境，人生与教育应该并行。

二、区分教育与实际生活的社会，会使人误以为教育与生活是两码事。

---

① 古雅典立法者。

② 古希腊剧作家。

③ 希腊田园诗诗人。

④ 希腊诗人，以其歌颂美酒和爱情的诗歌而闻名。

⑤ 希腊将军、历史学家，著有《长征记》一书。

三、5 小时有指导的智慧工作可满足青年学生的衣食住行。

四、5 小时的手工活不仅能维持学生温饱，还能提高脑力，有助身心发展。

五、教育工作应该受到指导，作为学校课程的一部分。

六、为满足生活需要所做的努力都是有价值的。

七、必须有人完成世界上的工作。人们必须从早到晚工作的原因在于有一些人从不工作。

八、每天做一定量的手工劳动应该被视为所有正常男女的特权。

九、谁都不应该过度工作。

十、所有人都应该有一份工作。

十一、开动脑筋工作是一种自我教育。

十二、为了获取教育而回避有用的工作，其结果只能是得到错误的教育。

十三、从 14 岁开始，所有正常人都能够自力更生，这是上帝赐予的能力，有益于发展最高层次的智力、道德与精神。

十四、为了解学生的掌握程度而进行的测验很难说明问题，还会引起痛苦，培养虚伪，就像拔起树苗查看树根。这样的测验只能说明我们对教育方法信心不足。

十五、有太多闲暇的人消耗过多，制造不足。

十六、上4年或6年学并非优秀的证据；没通过测验更不能作为无能的证据。

十七、向毫无建树的人授予学位与毕业证书是愚蠢荒唐的行为。学位不是能力的证明，当持有者信心不足时，学位是一针强心剂。

十八、所有学位都应该是名誉上的，应该奖励那些对社会有所贡献的人，即为他人服务、做有价值之事的人。

*　　　*　　　*

毋庸置疑的是，老师一旦接受了某种思想方式，即使很久之后当所有人都放弃了，他还会坚持这种方式。在试图说服他人的同时，他也说服了自己，当他遭遇反对的声音时尤为如此。

*　　　*　　　*

没有人了解富人的自负，除非他自己也很富有。因此，我希望所有人能变得富有，让所有年轻人接受大学教育，让他们了解它的无足轻重。

*　　　*　　　*

所有人都有怀疑自己能力的时候。所有女性偶尔也会怀疑其才智与美貌，渴望在男人眼中找到两者的影子，因此甜言蜜语人人都爱。女人会怀疑你说的每句话，但是对她的赞美除外——此时的她会相信你的话发自肺腑，并且在内心赞赏你的洞察力。

*　　　*　　　*

在安东尼·特罗洛普[①]的短篇故事集中，有一个关于船长的故事。这名船长与一位备受尊敬的女爵士相爱了。一切都很顺利，然而就在举行婚礼前的一天，这位女爵士找来证人，规定了她要睡床的哪一边，并且分配床上用

① 英国作家，凭借以虚构的巴塞特郡为场景的一系列小说著称。

品。听说船长喜欢睡在微风中，因此她计划开关窗户由自己一个人说了算，并希望得到理解。她还说了一些自己想做的事，并列了一张自己不愿做的事情的清单。

杰克困惑地卷着香烟，又挠了挠头，最后清清嗓子说道，如果他要开始担任这段婚姻旅程的船长，旅行的同伴不该对这段旅程有太多规定。至于该睡床的哪一边，她可以两边都睡，睡中间也无所谓——因为他要独自启航远洋。

他立刻起锚，消失了，再也没有出现在码头。

* * *

如今极少有男人希望妻子对自己言听计从，但是即使在大部分愚蠢男人心里，这也是对家人忽视自己愿望的反感。

女人不应该“顺从”男人，倒是男人更应该顺从女人。在幸福的婚姻中有 6 项必需条件：首先是信任，其余 5 项都是信心。

信赖一个男人是对他最好的赞美，给女人以信心是对她最好的恭维。

最终身心相配的男女的愿望便是相互满足。

满足？是的，如果我爱一个女人，我满心的愿望是满足她最微不足道的愿望。如果我没有全然的信心相信她仅仅是渴求美、忠诚与公正，我怎会爱她？为了让她能够实现这个理想，她的意愿对我而言是一个神圣的号令；我知道，她对我也是如此。我们之间唯一的竞争是：看谁爱得更多，遵从的渴望，是我们掌控生命的动力。

给予自由的我们也得到了自由，给予信任的同时也连本带利地收回了信任。在爱情中讨价还价、约法三章，终将失去爱情。

全心的信任意味着全然的爱情；全然的爱情会驱散恐惧。致使女人喋喋不休、讨价还价的原因，始终是对强迫、对一种潜在的统治欲的恐惧——那是爱的匮乏，是限制，是无能。全然的爱的代价是绝对的无条件信任和付出。

* * *

她不是妇女参政权论者。在她生活的时代，尚未出现女性权利的言论，尚未有人提出女性需要权利。她名叫达卡斯，是一名纺织工，超过了传统结婚年龄，依然孤身一人。孩子们常常看见她上门工作，叫她达卡斯阿姨。在犯下了那个罪行之前，她帮助解救了更幸运的姐妹——她是一个坚强、坦诚、能干、不畏孤独、不惧饥寒、热爱艰苦工作的女人。

她绝口不提早年生活，对如何失去双亲、兄弟姐妹只字未提。在人们的印象中，她一直都是达卡斯阿姨，孤零零地住在路口的小屋里。房屋的北面与东面被一片松树林掩盖，西面的斜坡是一片桦树林，只有南面是一片空地，阳光从这里射进，照耀着她那小小的花园。不管有多远，她必须步行上班，常常要到夜晚才能回家，等待欢迎她的只有一只叫作凯蒂麻穆斯的猫。

在达卡斯从事纺织工作的乡村里住着一个名叫拉扎勒斯的老人，比达卡斯足足大 20 岁，有一个令他相当头疼、不服管教的儿子。老人年轻时做过鞋匠，生意十分红火，他是一个好人，待人友善、慷慨。达卡斯还是孩子的时候，他常常免费帮她修鞋。老人的儿子不喜欢他。假如老人是个严厉、残暴的父亲，他肯定会抡起棒子，教训儿子要做一个合格的人。可是老人并没有如此，于是他的儿子成天酩酊大醉、挥霍无度。他的妻子生性吝啬，只有老人补鞋每天还能赚点钱，也是因此儿子才让他回家——如果那能被称作家的话。当他患上风湿病，双手无法动弹时，在妻子的挑唆下，儿子称自己太穷了，实在养不起父亲，就把老人扔在镇上。

当时每个城镇有三个负责人，被称为“行政委员”，通常都是好人。但是对于穷人，他们是彻底的暴君。第一委员正好住得不远，因此他让老拉扎勒斯坐上自己的马车，由于他要去别处办事，就在路口放下老人，让他步行四分之一英里走到救济院。

天刚亮，达卡斯就开始忙碌起来。她发现这位老人坐在马路边暗自落泪，可怜的模样令任何一个女人都于心不忍。于是她带他回到自己的家，让他饱餐一顿，并告诉他只要他愿意，欢迎他住在这里。

就这样，老人在达卡斯的家里待了三天。很快流言蜚语就传遍了大街小巷。第一委员得知了此事，受妻子的唆使前去查看。“达卡斯，”他说道，“这样可不行。”

“他这个年纪都可以做我父亲了。”达卡斯说道，“如果真让他去救济院，他会伤心的。”

“我知道这事很难办，但是我们不容许镇里发生这种事。除非你嫁给他，否则他不能住在这儿。”

“那我就嫁给他好了。”达卡斯说道。

第一委员也是镇上的太平绅士，于是他当场主持了结婚仪式。

老拉扎勒斯似乎对此完全不了解。有时他以为达卡斯是自己夭折的女儿，有时他又管她叫母亲，但是只要还活着，他就非常开心、知足。当他去世时，达卡斯第一次尝到了生命中痛苦和孤独的滋味。

老人的儿子佩雷格和妻子也参加了父亲的葬礼，穿着借来的丧服，举止倒是相当得体。因丧夫变得虚弱的遗孀没有表现出对继子的憎恶之情。她希望忘记这个不孝子，至少在今天，她心里只想着这位好父亲。但是佩雷格却径直走到她面前。

“我不想拖延了，”他说道，“我猜你我都想谈谈吧，继母。我无意为难你什么，但是我妻子一直在说这些事，我们决定立刻搬进父亲的房子。”达卡斯冷冷地看了他一眼，说道：“这房子是我的。”

“我知道，曾经是你的房子，但是你们结婚后，这房子就归我父亲所有了。法律规定，已婚妇女不能拥有财产。”

达卡斯转过身离开了。她害怕如果自己口出怒言，会亵渎了这位已逝的好人。

第二天，她找到了第一委员，却得到了失望的回答。“恐怕我无能为力，这是法律规定，达卡斯，”他说道，“你嫁给拉扎勒斯的时候就应该想到这一点。”

达卡斯回到家。整晚她孤单一人，苦苦思索着。她的想法就像一个天真的女人最简单的关于权利和公正的思考一样。

早上起床后，她将所有家当堆放到地板中间，吃力地将木材搬进屋，尽可能找来了干树枝和引火物，然后一把火点燃木材，就这样眼睁睁地看着大火熊熊燃烧，仿佛老妇人看着火葬的死者。看见滚滚浓烟的邻居连忙赶来，可惜一切都烧光了，只剩下她和一堆灰烬。他们试图让她明白，她犯了罪。然而她只说了一句：“我烧的是我自己的东西。”

她出狱后，人们注意到她的头比以前仰得更高了。“我烧的是我自己的东西。”关于自己的这次犯罪，这是她唯一的一句评论。备受敬重的太平绅士、第一委员被派往国家立法机关。他虽然思考缓慢，但一旦想通，便头脑清晰。一天，在一次私人的聚会间歇，他说起了达卡斯的故事。

“如今我的女儿也长大了，其中几位绅士也是如此。或许我们都希望留给她们一些金钱，但是你们也明白法律是如何规定的——这并不合理。”

“是的，”他们都点头同意，“这不合理。”

他们开始重视这项法律，并加以修改。第二年，他们做了进一步修改。

这是一个真实的故事。如果你不相信——那个路口还在，朝南的绿色空地上有一道深深的凹陷，里面依然生长着樟脑草，那里曾经是房子的地下室。

* * *

不久前，埃德温·马卡姆[1]教授与我们待了一天。对于如此优秀的人而言，教授的头衔太微不足道，因此在征得他的同意之后，我称呼他先生，意为大师。马卡姆先生因作品《荷锄的男人》声名远播。当他到达商店时，圣·杰罗姆、艺术家萨姆、阿里巴巴和我还在土豆田里，每人手上拿着一把锄头。看着我们这副模样，马卡姆先生放声大笑，还以为这是事先安排好的接待方法，然而并非如此，这纯粹是一场巧合。

我让一个孩子去粮仓找来一把锄头。马卡姆先生大方地接过锄头，和我们一起干活。他对锄地并不陌生。他精神饱满，皮肤黝黑，白发白须与健壮的体格和男孩子气的性格形成鲜明的对比。我们一边锄地，一边说起了“锄地人”。阿里巴巴说他比马卡姆先生更了解锄地的人，并向他解释一番。马卡姆先生感激地点点头。阿里巴巴说锄地人的烦恼是锄地的活儿太多了。

锄地是正确的，所有人都应该锄地。如果人人动手稍稍锄地，那就不需要有人一直锄地了。

一直锄地会令前额下垮。从不锄地容易患脑积水和神经衰弱。很多人从不锄地，因为他们说：“我不需要这么做。”这样的回答实在愚蠢。

很多人不被允许锄地——有的土地是禁耕区。意大利的锄地人数量最多，

① 美国诗人。

因为他们要从土地中收获可供25万人食用的军队粮草。

有大量士兵的地方也会有大量的锄地人。必须有人锄地。万事万物都来自土地。

如果享用一日三餐的你从未锄过地，那么你便在下拉锄地人的前额，令他展现一副凄惨绝望的冷漠表情。如果你帮助锄地人锄地，他会腾出时间思考，久而久之，他的思想得以改变，他的眼睛越来越明亮，粗俗的语言变得得体，默默埋头凝视土地的他有时会抬头仰望星空。

让我们偶尔拿起锄头吧。

*　　　　*　　　　*

就在几周前，我有机会和一位诗人讨论与商业有几分关系的话题。在我看来，这位诗人的要求实在无理，毫无理性可言。在交谈中我发现他将负债分为几类，他所谓的信用借款是一类，向绅士借款是另一类，有些恩惠根本不值一提，贷款则属于最后一类。

他所说的向绅士借款——对方能够无限期地等待还款——是对自己工作的报酬。

当被问及受杂货商、面包师或屠夫的恩惠属于哪一类时，他却一脸受伤的表情，说这些人太粗俗，不提也罢。

与两三位债权人交谈后，我大致可以得出结论，这就是某些艺术家的秉性，他可能是一位伟大的诗人，因此我们必须忍受这种情况。这无药可治。

*　　　　*　　　　*

一次，有人向我说起了他与一位优秀画家相处的经历。当时这位画家非常失意沮丧，连像样的衣物、食物、住所都没有，更糟糕的是，他还酗酒。于是他邀请画家到自己家中作客，一住就是好几个月。

经过这位朋友的悉心照料和服侍——亲自给他喂食、穿衣、照看他——如同母亲对待孩子一般，画家画出了一幅美丽的作品。主人的一位朋友花重金买下了这幅画作。这下画家有钱了，一反常态，不再依靠他人，变得傲慢起来。他对主人提出的要求越来越无礼，对自己的金钱肆意挥霍。

他买了一个漂亮的花瓶，向花商长期订购一束玫瑰、一束栀子花、一束兰花、一束铃兰，要求每天早上 11 点按时送达。

他开始狂欢作乐，去那些原本不该去的场所，将不相干的人带回主人家。

“那你做了什么？”我问我的朋友。

“哦，我等他花光所有的钱，一身负债，然后我让他再画一幅，让他再赚一笔。”

“这么说又重复之前的经历？”我问道。

“如出一辙。”

“那你这一次做了什么？”

“我承认我把他赶了出去，”这位商人回答道，“他是一位艺术家，我实在受不了艺术家的秉性。”

“但是，”在场的一位女士开口了，“看看他对这世界的贡献！他可是一位艺术家呀，艺术家是上帝为启发人类而赐予的礼物。他们应该受到政府的资助。告诉我这位艺术家住在何处，我要买他的画作。”说完，女士的眼中饱含热泪。

*　　　*　　　*

曾经有段时间，我的职责是使艺术家完成作品，以便在市场上出售。因此必须明码标价，否则几乎不可能卖出作品，换得金钱。为了制定一个合理且公平的销售价格，必须了解材料与作品的成本。

“别问我有关材料成本的任何事，”艺术家说道，“我制作出精美的花瓶，这就足够了。”

“制作花了你多少时间？”我问道，因为这位艺术家在薪水册上，我能轻易地找到公司每周支付的金钱数额。

“时间！你怎么能问我制作如此精美物品所需的时间呢？”他生气地回答道，“看来你对艺术一窍不通。艺术家对时间与花费从不在意。只要他是在创作，这就够了。”听了这话，我马上明白了，在他眼中我是俗人一个，或许还是无产者。

这位艺术家同意卖掉一件艺术作品，可是售价在我看来比红宝石还高。于是我不得不拒绝，为此他在心里又将我降了一级。

后来我发现，在他的潜意识中，模糊地存在对价格、时间、材料的意识。

“哦！这就是艺术家的秉性！你得预料到这一点，”一位朋友同情地说道，“有些艺术家就是这样。”

我愤怒不已，开始变得有些紧张，唯恐这种所谓的艺术家的秉性会传染，让我也受到影响。还好我有一位了解事实的朋友，好心地告诉我关于我自己的一些事实，对我实在是莫大的帮助，令我获益匪浅。他这么说道：“你变得愤怒，不可理喻。在阳光下待一个下午，再好好睡一觉是不错的选择。”

我听从了他的建议。整个下午沐浴在阳光中，这让我有机会停下来，好好思考。

* * *

农场里有一位没上过学、出生于德国的粗人。这个农夫之所以受到大家的关注，是因为这个新来的帮手贫困不堪。他有一个妻子、6个孩子，全部的家当只有一个炉灶、一把钢刀、一把叉子、两个碟子、3个杯子、一把勺子、两张破旧而不利于健康的床、少得可怜的被褥和身上的衣物。

我向农场的负责人问起这些人怎么会如此穷困。从这个农夫的故事中，我惊讶地发现，这个没什么文化、不懂艺术、无知愚昧、目光短浅的人竟然有几分艺术家的秉性。他没有哲学思考的能力，因此无法将欠杂货商、屠夫、银行家或雇主、农场主的债归还。如果被问及，他会忘记、抵赖、发怒。

到了发薪水的日子，他忘记自己还有妻子和6个孩子，还有账单要付，欠债要还。他抽时间去城里，不花光最后一分钱绝不离开。

他回来后，工头问他为什么这样做。莫名其妙的他毫无道理可言。满脸阴郁的他粗鲁无礼，一言不发。

我从未听说任何解释，将他的表现归因于艺术家秉性。但是就我的理解，他的身上的确带有与画家或雕刻家相同的艺术家秉性。

我不再对艺术家的秉性耿耿于怀，反而兴趣十足。我曾在挖沟工人、小丑、仆人、洗碗女工、清洁女工、厨师、农场主、监管人，包括我自己的身上见过艺术家的秉性。经过仔细观察，我发现这种艺术家的秉性与其无知、未受教育、无教养的程度成比例。换句话说，艺术家的秉性是无知的常见表现形式，是未受训练的思想的一种表示。理性与智慧之人从不会表现出艺术家的秉性。

艺术家的秉性自然属于那些犁柄的粗野之人，这样的人即使有人指导，也只能在标记出的地方开挖沟渠。

这是没受过教育、无理性、无思想、笨拙的年轻孩子的原始表现，他们是只有在不受威胁时才能和平共处的动物。

心生怒火、无荣誉感的艺术家肆意放纵，将自己等同于野兽。他的行为无异于广而告之自己是欠缺修养、庸俗粗鄙的人。

将他的所有诗作、美丽的梦想与奇妙的念头、一切有人性价值的事物放在天平的一端，再把他残忍的品质放在另一端，看看天平是否平衡。

我们用“艺术家的秉性”一词掩盖大量的罪孽、缺点、无知与不可饶恕的粗鄙。我们应该正视这些事实，有一说一，直言不讳。当一个诗人、画家或音乐家发怒，或表现出十足的无知、残忍、自我放纵，我们或许应该将这些词语连同糟糕的事实直接告诉他们。

* * *

野餐是实用分享主义的一个良好典范。野餐中人人充满活力，兴高采烈，友好相处。大家争先恐后地提篮子，一路上搀扶着翻栅栏、跨沟渠。来到野餐地点，有人生火，有人打水，还有人摆放食物。合作互助的精神体现得淋漓尽致。此时没有老幼之分，没有身份高低之论，受过高等教育的人与纺织工人平等相处。没有人骄傲自大，也没有人以施恩者自居。

有一对情侣远远地跟在队伍后面。他们缓步前行，来到野餐地点后没有生火，吃完饭后也没有洗碗，而是一起坐在一截木头上，与其他人离得远远的，在茂密树叶的遮挡下几乎看不见他们的身影。

他们是一对爱人，深爱着彼此——所有人一看便知。

野餐的其他人也相亲相爱，但是很多人是“兼爱”，然而这一对情侣的眼中却只有彼此。他们谈论着即将组成的“家”——一座洋溢着爱的农舍。

用德国哲学家叔本华的话解释，他们陷入了“天才一类”的网中。大自然对其抱有某种目的。他们希望有隐秘独处的空间，将纷杂的世界拒之门外，这一点天经地义、无可厚非。

但是，以这种短暂且强烈的感情为基础建立的社会是不科学的。

这对青年男女满心渴望这份感情能永恒不变。

他们将拥有一个永远的约会地，他们共同的农舍将时刻充满爱意与甜蜜。

但是只有当他们的生活交汇在一起，生活才有可能继续。家建立在暂时排外的性冲动之上，幸福与安宁无法长久的原因在于这两人失去了自我，渴望成为普通人。排外有其用处，但是到达一定程度时，就会起负面作用。

对天下的大爱应该高于对个人的自私之爱。

一旦心中装进了一个人，也应装进全人类。让个爱之私融入大爱之博，让大爱之博包容个爱之私。

*　　　*　　　*

诚实之人达到了更高的思想境界。他们施展着一种诱人的力量。他们越优秀，这种无声的力量越强大。对目标专一、心无旁骛也是一种力量，如同万有引力定律一样真实存在。在任何社区里，无法自力更生、独立思考、行事得当的人都将成为一种阻碍、一种负担。自食其力、自我尊重、自我控制是三件必需之事——这三件事将使你在社区内外赢得成功。

(八)自我提升与完善

人们不是因为罪孽受到惩罚，而是被惩罚犯下罪孽。

表达在生活中必不可少。精神因运用得以发展，正如肌肉越练越强壮。生命是一种表达，压抑意味着停滞、死亡。

然而表达也有对错之分。如果人们允许生命挥霍放荡，允许天性中动物性的一面得以表现，进而压抑了最高、最佳的其他方面，那么这些品质将渐渐衰退、消失。纵欲、暴食、放荡的生活压制了精神世界，使灵魂永远无法成长，人们因此失去了灵魂。

精神或感官、灵魂或肉体的表达一直以来都是所有哲学体系讨论的关键问题。

如今，禁欲主义在特拉普派①之中得到了有趣的体现。特拉普派的修道士住在陡峭险峻的山上，自我压抑几乎所有的感官享受——几天不进食，身着单薄的外衣，忍受刺骨的寒冷。他们是为了追求丰富精神世界而压抑身体各项器官的极端例子。

事实上，真理存在于极端的压抑和放荡纵欲之间，但是这也带来了一大问题。自认为发现了规则，强迫他人就此停止的人的欲望导致了无数的战争与冲突。所有法律都围绕着这一点：究竟哪些事是人们可以做的呢？过去人们遭受的大多数残忍至极的痛苦源于不同秉性的人对某一问题的分

① 经过改革的天主教成员，以实行苦修、坚守缄默为特征。

歧。如今延续了两千年的问题仍悬而未决：何种表现是最佳表现？我们该如何做才能得到救赎？一个真实的谬论在于认为我们必须做一模一样的事情。

大多数人都渴望做对自己最有利、对他人伤害最小的事情。如果管理者愿意换位思考，做到“己所不欲，勿施于人”，乌托邦就并不遥远。国家之间的战争、个人之间的冲突是妄想拥有权力、占有财产，或两者兼得的结果。

多一点耐心，多一点善意，多一点忠诚，多一点热爱，勇敢地期盼未来，对自己多一点信心，对同伴多一点信赖，迎接伟大的光明与生活。

*　　　*　　　*

一天，我在一本书上读到这样一句话：“有人嘲弄，有人摇头，有人相信。”人们总是嘲弄自己不习惯的事情，接下来他们可笑的嘲弄会变成存疑的摇头、嘲讽的冷笑，接着冷笑消失了，换作一脸茫然，人们或许相信了。一个典型的例子便是黛博拉站在父亲住所的门口，取笑圆脸的本杰明·富兰克林，看他边走边大嚼面包。黛博拉丝毫没有想到，不久后在这个边嚼面包边开心前行的奇怪年轻人面前，她会显得如此卑微，相形见绌，当她被命运随意丢弃时，她可以向他求助，他会娶她，将两人的名字——美国最伟大的名字结合在一起，给她永恒。

当然，她没有想到。

有人嘲弄，有人摇头，有人相信。

是的，律师、医生、艺术家、作家全力以赴地工作，努力遵从最高理想去生活，肯定有人会嘲弄。如果你有过人的天赋，很多人会嘲弄，很多人会摇头。虽然多数人会嘲弄，但是只要少数人相信，一切都不是问题。唯有相信，才能过上美好的生活。相信我们的少数人使这样的生活成为可能。没有了他们，我们该怎么做？ 有了他们，我们与无限的世界紧密相连。

让大众嘲弄吧，让人群摇头吧！ 总有少数人会相信。

我知道有一所农舍的大门始终为我开着，当住户听见我的脚步声时，他们会微笑迎接。

*　　　　*　　　　*

你是否知道：报纸由人编纂出版；人们担任编辑、医生、律师、法官，所有的法律都由人制定；所有的书本都由人写成；我们知道的所有公正都是人类的公正；我们知道的所有爱都是人类之爱；所有的怜悯都是人类的怜悯；所有的同情都是人类的同情；所有的原谅都是人类的原谅；世界上最优秀、最伟大、最高尚的是人类；所有法律、教义的价值都是短暂的，当它们对人类幸福不再有助益时，应该被消除。如今史无前例地，如此众多的人了解这些事实。

大脑需要锻炼。大脑是一个器官，只有不断使用，才能保持健康活力。人类思考的能力是一种新的获得。

迄今为止，很少有人能完全思考，而是受感觉左右——饥饿、恐惧和对回报的渴望。

有效地思考必须具备逻辑、理性、哲学的头脑。想要具备逻辑，必须能够逐步遵循顺序或前因后果；想要具备理性，必须接受并运用计量单位，以便计算并推论简单的生命运动及其倾向；想要具备科学性，必须能够分类并且协调逻辑思考和推理得出的事实；想要具备哲学性，必须能够从科学中统一和推断正确的结论。

这种有效思考的能力尚处在早期，哲学思考给想象力插上了翅膀，通过正确思考，我们将逐渐学会控制身体、脾气、欲望、想象、环境。经过训练的想象力是揭示未来的探照灯。

发挥想象，我们能看见伊甸园就在前方——一个充满努力、工作、能力的伊甸园。这个世界的伊甸园，是否会因为健康、工作、简洁、诚实、互助、合作、互惠、爱情而实现呢？

* * *

人人都是销售员。我们都拥有可出售的资本，医生、律师、传教士、演员、教师、画家、演讲家、诗人、文员、商人——人人都在出售自己的才华、技术、知识、先见、智慧、才智。

可以肯定地说，在文明国家，99% 的人反对战争。

原始人喜欢走上战场，我们相反。我们是农民、技工、商人、制造者、教师，我们的所有要求是拥有致力于自己事业的权利。我们拥有家庭，我们热爱朋友，我们愿为家人倾尽所有，万不得已绝不烦扰邻居，我们有工作要做。我们懂得生命短暂，黑夜即将降临。不要打扰我们。

但是事与愿违，那些煽动者、政客、流氓企图令生活变得艰难。我们渴望和平，希望友善相处，他们却说生活本是一场战争，我们必须走上战场。当然我们会为保家卫国而战，但是我们的家园与自由并未遭受威胁。不要打扰我们。

我们希望偿还房屋贷款，希望教导子女，希望工作，希望阅读，希望思考，希望为衰老与无情的死亡做准备。

但是他们不愿还我们安宁——这些人坚持管理我们，依靠我们的劳动生活。他们向我们征税，食用我们的粮食，征募我们入伍，迫使我们的孩子为他们而战，镇压只因穿着膝盖鼓鼓的裤子、胡须形状惹人不快的农民。

他们自称上层阶级，他们剥削我们的劳动果实。他们欺骗我们，蒙蔽我们的双眼。他们背叛我们，他们打着爱国主义的旗帜胁迫我们。他们欺骗我们，哦，实在是臭名昭著、羞愧可耻！

几乎没有人能够独立思考，因此这种欺骗成为一种催眠术，被人们平静地接受。

战争是地狱。

但是上层阶级却背道而驰——他们通过征兵法令招兵买马。

战争是武装者存在的必然结果。保留大量常备军的国家迟早会爆发战争。以武力为傲的人蠢蠢欲动，有一天，他会遇到某个自认武力更强的人，于是一番大战不可避免。

唯一的解救在于教育。教育人们不要交战，杀戮是错误的。无声地反抗上层阶级，拒绝对他们崇拜的子弹卑躬屈膝。

* * *

人们常常问道："你愿意生命重来一次吗？"这个问题不仅屡见不鲜，更是愚蠢至极。我们都被擅自带到人世间，又被迫离开人世间，没有自主往返的权利。但是如果非要回答，我会借用本杰明·富兰克林的话："是的，我愿意，只要你允许我拥有修改第二版的作家特权。"如果被拒绝，我还是会说："是的。"回答得如此迅速，你会感到一阵眩晕。

有一天，我在看《约翰·卫斯理[①]日记》时发现作者在85岁高龄时写下了这样一段话："这一生中，沮丧不幸的感觉从未超过半小时。"我深有同感。有一件事很难做到，那就是抹掉过往。过去在我手中。

① 卫理公会的创始人。

生活对我意味着什么？一切！因为我拥有享受生活的一切。我拥有一栋美丽的房屋，家具一应俱全，没有抵押。我拥有年轻的生命——我只有50岁——人们愿意听我倾诉。我拥有锦绣前程，我拥有一个藏书量达5000本的图书馆，还有一个小箱子，装着100本心爱的书籍，全用皱纹摩洛哥革[①]手工装订。此外，我还有一匹驯马、一件毛皮衬里的大衣。因此，我有什么理由不该享受生活呢？

我猜到了你的回答：一个人拥有所有列举的东西，可他却患有消化系统疾病、慢性肾炎，因此，他活得越久越不开心。我明白你的看法，我会慢慢解释即使我患有病痛，我也觉察不到。

我从不抽烟，不喝酒，不接触氯醛[②]、咖啡因、溴化物、吗啡，也不花钱买处方药或专卖药。事实上，我从没有看过医生。我视力良好、牙齿强健、消化正常、夜夜酣睡。

你又会说："很好，但是你自己也说过'感情的表达是生活的必需'。拥有一切的人是可怜的，因为他没有了工作目标，拥有一切意味着失去全部，因为生活在于奋斗。"此话不假。但是我有工作要做——强制性的工作——无法委托他人的工作。20多年来，我一直为两本月刊写稿。为了写出好作品，需要短暂休息与放松。为了使我的思考系统能够有条不紊地工作，我会做很多手工活，以此缓解压力，换句话说，我会玩耍。

除了写作与公开演讲，我还管理着一个名叫"罗依科罗斯特人"的合作社，雇用了超过500人。"罗依科罗斯特人"由以下几部分组成：农场、银行、酒店、印刷厂、装订厂、家具厂、铁匠铺的工人们。大部分工人都有一定的经验，或多或少的监督是必需的。全天候的监管不仅是自由的代价，也是商业成

① 一种植物鞣的精致山羊革。

② 一种无色、流性、油质的醛，对肺部有刺激性。

功的代价，明白这一点的我随时掌握各部门的工作情况。到目前为止，我们一直都有能力支付工资。事实上，我们还拥有一个铜管乐队、一家艺术馆、一个阅读室、一个图书馆，每晚都会举办讲座、课程或音乐课。我会教授一些课程，通常每周两次在罗依科罗斯特礼堂就目前流行的话题做演讲。

由此可见，我连感觉倦怠、担心过去或将来的麻烦的时间都没有。即使是现在这篇文章，我也是利用在火车上的时间写的。就在我写作的时候，身边一个陌生人不时和我说话，谈论天气、不知哪儿看来的新闻，以及他收藏的最厉害的啤酒杯。下了火车，我将赶去参加一个讲座。他说的事情非常有趣，但有时会跑题或说些无关紧要的话，因为人们要记得所有指定的事情，还要平衡活动与休息、专注与放松，即我们所说的健康，然而他的生活有缺陷，并不完美，缺少一样东西——爱。

当查尔斯·金斯利[①]被问及成功的秘诀是什么时，他回答道："我有一位朋友。"

如果问我同样的问题，我会给出同样的答案。我也许还会解释道，我的朋友是一位女性。

这位女性就是我的妻子，也是我的伴侣、密友、商业伙伴。

*　　　　*　　　　*

母亲最需要的是智慧。女性必须提高脑力、智力、效率，必须成为独立的人，必须理解生命，明白女性独一无二的责任。让智慧引导母爱。

母亲是唯一能信守永恒承诺的人。夫妻之间无论爱恨，都在死亡面前分离。孩子或许会忘记母亲，但母亲绝不会忘记孩子。她深爱着自己的孩子，至

① 英国牧师、作家。

死不渝。

不幸、错误、罪恶都无法抹去母爱。

* * *

不久前，一位妇女从纽约去芝加哥，中途在布法罗停留，于是来到了罗依科罗斯特。在这位妇女眼中，一切都是那么新鲜，让她觉得最新奇的是布告板，上面写着一条通知：“今晚 7 点 30 分，在橡木室，有希腊历史课程。”

这位妇女的丈夫是哥伦比亚大学的历史课讲师，因此她对这则通知特别感兴趣。

“这门课程的老师是谁？”她问向导女孩。

“麦克维坎先生，是个铁匠。”

“什么！一个铁匠竟然教希腊历史？”

“有什么不可以呢？”

“带我去见见他吧！”

说完，两人去了麦克维坎的工作间，只见铁匠和几名助手忙着锤打铁砧。

“就是他。”向导说道，以为访客想要和这位教师志愿者谈谈。

“不，我不想和他说话，说不定我会失望的。我只想离开，记得这里有位历史老师就好。”

“您是说一位铁匠吗？”向导微笑着说道。

“是，我说的就是这个意思。我也没有贬低我丈夫的意味，他总是感叹只能动口，不能动手。”

令访客再次意外的是，东奥罗拉的一个传教士也在这里工作，他正敲打着一个大雪橇，给铁匠当助手。

妇女离开了，她相信自己看到了乌托邦的影子。

但是这不是乌托邦，只是里程碑上指明方向的一个标示。

如果一个人每天从事10小时重体力活，疲惫不堪的他没有精力思考。完成一天的工作后，他借酒忘记酸痛的关节。几乎可以肯定他无心读书。

因此，当我们看见傍晚时分坐在椅子上频频打盹的人，我们说这样的人是愚蠢的——他们缺少神采与活力，必定驽钝。

他在一件有意义的事情上投入了太多时间与精力。和他一样的还有那些软弱、肤色暗黄、手指纤长白嫩、胃弱的人，他们被世人称作文化人。

这些人必须联合起来，承担彼此的部分重负。他们必须紧紧携手、相互尊重、互帮互助。只有如此，我们才能拥有两股强大的力量，而非两类有缺陷的人。

四处都有里程碑指示方向。我们生活在伟大的时代，同胞们，伸出你的手！握紧我的手！

为什么这个参观的女人对铁匠教希腊历史课如此惊讶？难道炼铁、锻造有价值之物是自降身份的工作吗？不是。罗伯特·科里尔① 也曾做过铁匠，伊莱休·伯里特曾是一名鞋匠，保罗曾做过帐篷，耶稣曾做过木匠。

她的意外仅仅是对我们生活的社会经济条件的一种下意识的控诉。

我们将事情一一分割，相互孤立。在很大程度上，木匠与铁匠被排除在“文明社会”以外。铁匠如何能够戴着小山羊皮白手套，站在讲台上呢？

直至昨日，文化的概念依旧是一个人受过教育足矣——并不需要成为有用之人。如果一个女人貌美如花，那就让她无所事事，展现漂亮的一面即可。你的灵魂或许沾染了污点，但是如果有工作可做，你自会得到上帝

① 一位多产的励志作家和出版商。

的帮助！

我们恢复了明智的一面，这位吃惊的女士也高兴地发现文化与实用的工作两者之间其实并不矛盾。

体力训练是教育中不可或缺的一环。所有人都应该用双手工作。问题在于我们将所有工作交给一批人，将文化交给另一批人，结果令两者都有所退化。正如晚餐你既应该吃馅饼，也应该尝尝腌菜的滋味。

*　　*　　*

成功的牙医一定是集外科医生、艺术家、雕刻家、机械工于一体。他必须具备与内科医生同样的对物理定律、化学定律以及生物定律的理解力；他必须拥有与外科医生同样灵活高超的手术技艺；他必须能够达到对机械工的最精细的要求，有能力对鲜活的组织进行手术，同时避免发炎。他的工作室是一个直径大约两英寸的牙洞，在牙洞里他必须耐心地施展技艺。

大多数病情加重的主要原因在于被内科医生忽视的不卫生的口腔环境，但这些却引起了牙医的重视。我大胆地断言，只要牙医教会人们保持口腔与牙齿清洁，正确有力地咀嚼，夺走人们生命的半数疾病将得到控制。

人类身心的美好、活力、健康主要取决于健康、实用的咀嚼器官。能够控制口腔健康情况的人不正是开处方的医生吗？

此外，我想让你关注牙医诊所。患牙病的人通常情绪不佳，不到万不得已，他不会看牙医，只要一迈进诊所，他便开始抱怨，列举无数他宁愿做的事；他暴躁不已，不肯安静地坐着。牙医只好百般体贴，容忍病人的坏脾气，他必须微笑，对病人，也对自己。可惜他的良苦用心极少能够换来病人的认可。

在大众眼里，牙医是不受欢迎却必不可少的人。他的工作费力不讨好，因为他为人坦率、诚实，按小时或按手术收费，收入常常少于应得。而有的外科医生则虚张声势，把无关紧要的微恙夸大成致命的重症，明明是切除疣的手术却收取切除肿瘤手术的费用，病人却总被蒙在鼓里。

我之所以认为牙医应该是艺术家，是因为他必须具有对颜色的理解力，使填补的牙齿与剩下的牙齿相配；之所以认为牙医应该是雕刻家，是因为他必须具有对称的意识，能够用金银或结合剂修复边缘。

*　　　*　　　*

快满 12 岁的小女儿给我上了几节鳞翅类昆虫学的课。她告诉我，我没有理由怀疑她，因为她从未在蝴蝶的事上欺骗过我。我认识很多饱学之士，但很少有人听说过鳞翅类。虽然我对蝴蝶有一些了解，但是直到上周我才知道原来蝴蝶是鳞翅类。我询问东奥罗拉学问最高的人，浸礼会牧师是否是鳞翅类学者，可他却认为我对他不敬。

自然科学老师教过我：世界上蝴蝶种类超过 1 万种。蝴蝶的寿命从 3 天到 3 个月不等，但是有一类蝴蝶像鸟儿一样迁徙，这类蝴蝶可存活 3 年。即使同属一类，蝴蝶的外形与大小也不尽相同。由于身体非常弱，蝴蝶通常只能活几天时间，一场暴风骤雨常常会夺走大量蝴蝶的生命。为了收集所有种类，收藏者经常自己饲养蝴蝶。

蛾与蝴蝶截然不同。蛾在夜晚飞行，蝴蝶在白天活动。蛾在夜晚飞行是为了躲避鸟类——这是它们的习惯。北美夜鹰和其他鸟类夜间飞行则是为了捕捉蛾——这也是一种习惯。

雄性蝴蝶的颜色比雌性蝴蝶更加鲜亮，但是雌性蝴蝶的体积更大，它的工作是筑巢产卵。卵并不能直接孵化成蝴蝶，而是毛虫。毛虫不能飞翔，不能奔跑，只能蠕动。毛虫有多对足、触角，在触角顶端有时还有眼睛。触角替代了眼睛的功能，防止撞上障碍物。眼睛就像一面反射物体的镜子，在镜子后面还有与大脑相连的神经，因此眼睛不仅有观察的功能，还可以向大脑传达所见之景，使大脑据此做出向前或止步的决定。大自然进化出眼睛是一个漫长的过程——这是一项奇妙的发明。毛虫将自己裹在一片树叶里，做成茧。蚕非常特别，它用丝线代替棉布做成茧。蚕吐出的丝质量好、数量多，坐享其成的人们偷走了丝线，并欺骗蚕吐出更多的丝，就像偷走蜜蜂酿的蜂蜜，利用奶牛对小牛的爱而夺走牛奶。人是所有辛劳成果的最大抢夺者。人们给予吐丝的蚕的回报便是提供食物，给它们吃桑叶，蚕不停地吃啊吃，一直吐丝，织成茧，将自己缠绕在丝中，变成一只美丽的蛾。然而人们总是偷走丝线，欺骗蚕，一段时间后，蚕灰心丧气，悄悄死去，甚至连变成蛾的快乐也没品尝到。

有些蝴蝶非常稀少，每只价值 100 美元，有些种类甚至已经灭绝，或在 55 年内濒临灭绝。

人们从华盛顿一路长途跋涉来到婆罗洲①，只为捕捉蝴蝶。林奈②曾经行走 3000 英里，只为一只蝴蝶。

最美丽、最炫目的蝴蝶的翅膀只有一面是美丽而炫目的。蓝色多瑙河蝶的翅面犹如蓝色天空中镶嵌了一串亮丽光环，双翅上的白色纹脉就像镶嵌的珠宝，光彩熠熠，十分迷人，然而翅膀的另一面则是平淡无奇的暗褐色。当

① 位于马来群岛，太平洋西部的一座岛屿，在菲律宾的西南面，苏禄和爪哇海之间，是世界第三大岛。

② 瑞典植物学家，是现代动植物分类系统的创始人。

受到敌人追击时，它会坠落在地，长时间隐藏踪迹，或紧贴树干，让人遍寻不到。还有一种美丽非凡的蝴蝶叫作猫头鹰蝶，下层两侧翅膀上长有如猫头鹰眼睛似的图案，当受到攻击时，它会正面朝下，使鸟儿误以为有一只猫头鹰正凶狠地瞪着自己，通常会将敌人吓得半死。最美妙的蝴蝶是那些收起翅膀休息的最不起眼的蝴蝶。真正奇妙的蝴蝶只在阳光下为心中所爱一展美丽的翅膀，好似天才一般。大多数人都说天才其实乏善可陈。事实上，天才平日里只展现出如土地或树干一般普通无奇的棕色，然而在某时、某人面前，却有着惊艳之美。

* * *

我们常说："受教育最好的人是那些最有用处的人。"对教育的真正考验在于受教育者的工作能力。总有一天只消费不生产的人将不被尊重，人人以铺张浪费为耻，我们中最伟大的人将是那些施惠最多的人。世间没有魔鬼，只有恐惧，没人能伤害你，除了你自己。我们应该记住工作日，保持其神圣性，脚踏实地过好每一天，全力以赴地投入工作。世间最神圣的地方是人们从事优秀且有价值的工作的场所；世间最高的智慧在于为有价值的事业付出辛勤努力。

* * *

要想了解一个人，无须亲自见到本人，从农场就能了解农夫，他的性格明明白白地写在农场上。他饲养的猪马牛羊，全都展示出他是怎样的人。了解农夫的是他喂养的牲畜，而非一起干活的同伴。小时候我可以根据拴在乡村小店门前的一匹马，较为准确地猜测出其主人的性格、心理以及经济状况，即使我并非聪明绝顶之人。醉汉的马勒与马鞍常常暴露了自己，只要一看衣服，我们就知道此人憔悴不堪、面容枯槁。成员共同工作的家庭是成功的家庭。家庭的成功在于使成员连为一体的爱。当然，如果你能在彼此的关爱中加入智慧，无疑是锦上添花。但是光有智慧太过冰冷，无法融化对无生命事物的漠然，也无法掌控成功。有爱，生命的法则才得到完成。

* * *

有一次，一个城里的小女孩和乡下的表哥说起了面包和蜂蜜的事，小女孩问道："你爸爸养蜂吗？"故事到此结束。但是我要指出一个重要的、无可辩驳的事实：一只蜜蜂无法单独酿成蜂蜜，无法自给自足。事实上，单单一只蜜蜂会彻底灰心丧气，它的思考能力会消失，甚至忘记如何叮螫。离开蜂巢 3—5 英里之外，蜜蜂便会很快萎靡、死去。只有相互协作，蜜蜂才能生活。

一己之力只能带来一事无成。人们的所有思想与行为都与他人有着直接的关系。只有团队合作，才能取得成功。失去同伴，理想成灰，勇气减退，动力消失，激情枯萎，生命走到尽头。

独处时原本胆小的士兵一旦与战友在第一线并肩作战，常常会变得英勇无畏。只有与他人携手合作，我们才能成功。每个人都是一个分子，必须构成一个整体。成功的雇主深知这一点，因为他们总是允许雇员们尽可能地团队合作。宾夕法尼亚州铁路的一个部门管理者告诉我，在粉刷火车站时他发现四个工人一起工作，其工作进度至少是一个工人单独工作的 5 倍，并且工作质量更佳。老师们也明白这个原则，因此他们采取班级授课。家庭教师无法取得太大成就，除非他的学生身患残疾。孩子们彼此讲解，彼此学习，其效果与老师讲授的效果一模一样。

健康人都喜欢与他人一起工作、玩耍、品尝美食、学习、生活。“幼儿园精神”只有通过交往联合才有可能实现。孤零零的一个孩子绝不可能有所发展，也不可能健康成长。被剥夺与同伴一起玩耍的权利的孩子会变得畸形、异常。伟大之人是在生活中奉行“幼儿园精神”的人，任何在生活中奉行“幼儿园精神”的人都是伟大之人。

* * *

头饰尤其能泄露一个人的性格。潮流规定，把头发剪到一定长度，不留某一发型，则那些不合时宜的人将受到强烈谴责。如今，锐气十足的人开始反抗千人一面的社会。野生动物都很相似，它们不可能有进步。你无法分辨出两只鸽子，所有长腿大野兔的性格如出一辙。社会企图让人们也如动物一般——磨掉他们的个性。

但是坚强的人明白，只有展现个性，百家争鸣，人类才有发展进步的可能。随心所欲地思考，自由地记录感受，以自己的方式表达自己的声音，对抗僵化的社会，违背留短发的社会法令，让头发自由生长。更重要的是，戴一顶古怪的帽子，令自己更加与众不同。戴一顶平常无奇的帽子仿佛从外表上承认你脑袋里的想法与所有人的想法完全相同。如果你有理由相信自己的大脑异于常人，自己是出类拔萃之人，那就以特殊的方法令它锦上添花吧。

戴一顶过时的帽子，或戴一顶自己突发奇想设计的帽子无疑是对中产阶级的挑衅，仿佛在说：“看好了！我现在给我的思想戴上了一顶不同的帽子，与你们的规定相悖的帽子，我的思想也与你们的迥然不同。”

我们以帽子表示敬意、平息敌人或挑衅对手。遇见有魅力的年轻女性，我们潇洒地挥舞帽子；如果是尖酸刻薄的妇女，我们只会用手拉拉帽檐，草草了事。从向驽钝的英国贵族高高挥舞帽子的贵公子布鲁梅尔[①]，到即使面对乔治王也拒不摘帽的威廉·佩恩，所有以帽喻义的行为都一览无余。

帽子最先泄露性格。女人以帽诱人——贝雷帽便是一种吸引的手段。帽子无疑是第二性表现。我们借帽子传情、道歉、反抗。坚强之人不会听命于迂腐之人。何时该剪发，该选择怎样的发型，他们自有主张。

* * *

学习谋生的方法是全力谋生。无法自力更生的人无异于寄生虫，是社会的负担。此外，无法自给自足——消费大于生产的人不管拥有多少学位，也不能被称为受过教育的人。

赫伯特·斯宾塞说过："第一必要条件是做一个好动物。"如今我们要说的是，第一必要条件是个人能够独立谋生。这既是为了提升个人的幸福、满足、精神，也是为了社会的进步。

马歇尔·菲尔德曾告诉公司经理："招聘年轻人时，优先考虑 18 岁的高中毕业生，其次才是 22 岁的大学毕业生。你可以管理 18 岁的男孩，而其他人却自称'男人'，常常反对，至少在心里反对你想做的事情。"大多数"男人"接受大学教育，是因为其父母的缘故——偏执的父母之爱的受害者——从嗷嗷待哺到羽翼丰满，父母事事操心，为孩子挡风遮雨，不让孩子跌倒。

综上所述，可得出不可辩驳的结论——即使激进者与偏见者也无法反驳：生活中的成功不在于是否接受大学教育。

① 19 世纪的英国新贵族人士，在全欧洲引领了裁剪合身考究的套装和戴扣的领带的时尚，促成了现代西服和领带的诞生。

*　　　　*　　　　*

当我提笔写作时，我从未考虑过这篇文章将达到什么效果，是否受人欢迎，读者又会是谁。我只为自己而写。最吹毛求疵、严苛无情的评论家是我自己。当偶然妙笔生花时，整个人欣喜若狂、喜不自胜。生命中没有什么快乐能与创作的喜悦、抓住灵感的欣喜相提并论。

要想写出优秀的作品，必须休息和放松，做到一张一弛。当你攀登山峰、漫步田间、穿过树林时，会在不经意间灵光一闪。最佳状态是放下手中一切事务的时候。此时此刻，妙不可言的电流会在你全身涌动。

当我们想要思考的时候，要是能找到宇宙配电盘，直接接通电流，那该有多好！然而这只是天方夜谭，我们能做的只有散步、骑马、培土，调适情绪，等待灵感从未知的远方姗姗而来，然后将其抓住，全心投入工作中。

图书在版编目（CIP）数据

活在当下：哈伯德人生手记 /（美）阿尔伯特·哈伯德（Elbert Hubbard）著；贾雪译．—2 版．—北京：中国法制出版社，2023.9（2023.10重印）

书名原文：The Notebook Of Elbert Hubbard

ISBN 978-7-5216-2946-0

Ⅰ.①活…　Ⅱ.①阿…　②贾…　Ⅲ.①人生哲学-通俗读物　Ⅳ.①B821-49

中国版本图书馆 CIP 数据核字（2022）第 189064 号

策划编辑：杨　智（yangzhibnulaw@ 126.com）
责任编辑：刘　悦　　　　封面设计：汪要军

活在当下：哈伯德人生手记

HUO ZAI DANGXIA：HABODE RENSHENG SHOUJI

著者/（美）阿尔伯特·哈伯德（Elbert Hubbard）

译者/贾雪

经销/新华书店

印刷/三河市国英印务有限公司

开本/710 毫米×1000 毫米　16 开　　　　印张/12　字数/148 千

版次/2023 年 9 月第 2 版　　　　2023 年 10 月第 2 次印刷

中国法制出版社出版

书号 ISBN 978-7-5216-2946-0　　　　定价：39.80 元

北京市西城区西便门西里甲 16 号西便门办公区

邮政编码：100053　　　　传真：010-63141600

网址：http：//www.zgfzs.com　　　　**编辑部电话：010-63141819**

市场营销部电话：010-63141612　　　　**印务部电话：010-63141619**

（如有印装质量问题，请与本社印务部联系。）